钢结构工业化建造与施工技术丛书

ALC 板与钢结构连接技术指南

隋伟宁　王占飞　李帼昌　编著

中国建筑工业出版社

图书在版编目(CIP)数据

ALC 板与钢结构连接技术指南/隋伟宁，王占飞，李帼昌编著. —北京：中国建筑工业出版社，2018.11
（钢结构工业化建造与施工技术丛书）
ISBN 978-7-112-22731-0

Ⅰ.①A… Ⅱ.①隋… ②王… ③李… Ⅲ.①轻质混凝土-混凝土面板-建筑结构-钢结构-连接技术-指南 Ⅳ.①TU375.2-62②TU391-62

中国版本图书馆 CIP 数据核字（2018）第 218719 号

本指南主要用于指导 ALC 板与钢结构的连接设计、施工过程，汇集了大量的科学试验、数值模拟分析、理论研究与工程实践。全书共分八章，分别是：总则，性能及性能指标，安装方法，材料，ALC 板及连接设计，施工计划，施工，质量检查。

本书适用于从事钢结构、装配式结构设计与施工的研究、技术、管理人员使用，也可供大中专院校相关专业师生参考使用。

责任编辑：万 李
责任校对：王雪竹

钢结构工业化建造与施工技术丛书
ALC 板与钢结构连接技术指南
隋伟宁 王占飞 李帼昌 编著
*
中国建筑工业出版社出版、发行（北京海淀三里河路 9 号）
各地新华书店、建筑书店经销
北京科地亚盟排版公司制版
北京富生印刷厂印刷
*
开本：787×1092 毫米 1/16 印张：8¼ 字数：201 千字
2018 年 11 月第一版 2018 年 11 月第一次印刷
定价：39.00 元
ISBN 978-7-112-22731-0
（32840）

前　言

在欧美日等发达国家，钢结构已被广泛应用于建筑行业，成为主导的建筑结构体系，并编制了比较完善的工厂化作业、现场拼装的钢结构建筑体系技术规程及标准，其中在外墙等围护体系的规程与标准方面，日本建筑协会编制了轻质混凝土外墙等围护结构体系技术规程等，欧美等国家也已经颁布了相应的技术标准。

在"十二五"国家科技支撑课题"钢结构建筑工业化建造与施工技术（2012BAJ13B05）"的资助下，课题组查阅相关国内外资料的基础上，经过大量的科学试验、数值模拟分析、理论研究与工程实践，将所得成果汇总于《ALC板与钢结构连接技术指南》（以下简称本指南）中。本指南共分8章，其主要内容为：总则，防火、抗震等性能及性能指标，内外墙以及楼屋面板的安装方法，ALC板、各种连接构件以及填缝砂浆的材料要求，ALC板设计、外墙和内墙的各种连接设计、屋面和楼板的连接设计、补强钢材设计，ALC板施工计划、搬运与保管，施工管理、外墙安装与施工、内墙安装与施工、楼屋面板安装与施工，ALC墙板安装及支撑系统安装质量标准、外墙板饰面防水涂层质量控制及标准、外墙板开洞质量检查等。本指南充分体现了我国现代钢结构建筑三板产业化与主体钢结构框架连接的研究最新成果，将为现代钢结构建筑围护结构装配化、工业化创造条件，促进经济发展方式的转变并为建设资源节约型、环境友好型社会提供保障。

本指南在编写过程中，得到了沈阳建筑大学建筑工业化研究院院长李帼昌教授的大力支持，并在编写过程中提出了宝贵建议和意见。沈阳建筑大学隋伟宁老师负责编写第1～4章内容，沈阳建筑大学王占飞老师负责编写第5～8章内容，嘉兴学院白丽婷老师负责附录1和附录2的编写工作，深圳市建筑设计研究总院有限公司安康工程师负责部分图表的编辑工作。最后由隋伟宁老师统稿校对，在此表示感谢。

由于作者水平有限，书中难免有谬误之处，敬请读者批评指正。

目　录

4

第1章 总 则

1.1 适用范围

（1）本指南适用于民用钢结构建筑的屋面、楼面及非承重墙体（不承重的外墙及内隔墙），且 ALC 板厚度≥60mm。

（2）ALC 板作为钢结构的围护结构，除应符合本规程指南的技术要求外，尚应符合国家现行有关的技术标准和要求。

（3）本指南规定的内容和与其相关的规范、标准、指南等规定内容不一致时，需与业主、设计单位、监理单位协商。

（4）本规程适用于抗震设防烈度为 8 度和 8 度以下地区及非抗震设防地区。

1.2 术语

本指南使用的专业术语定义如下：

普通 ALC 板：蒸压轻质混凝土制作成板厚大于 60mm 的 ALC 平板及板厚大于 60mm 的角板。

工艺板：在 ALC 板表面加工成花纹、斜沟等创意性图案的 ALC 板。

ALC 角板：用在建筑物阴阳角位置的 ALC 板。

短边：与 ALC 板受力钢筋垂直的边。

长边：与 ALC 板受力钢筋平行的边。

连接构造：连接 ALC 板的构造，包括支撑构造和连接构造。

主体结构：安装 ALC 板的结构总称，包括梁、柱、基础、楼板等。

连接钢材：在主体结构和 ALC 板间设置的钢构件。包括钢垫板，一定规格的角钢等。

垫板钢材：在主梁等处设置，与屋面和楼面的标高保持协调一致的钢材。

标准规格角钢：在梁柱等主体结构上设置，调整 ALC 板安装位置的连接角钢。

补强钢材：增强开洞部分墙体，如女儿墙、悬空墙体的刚度而设置的钢材。

洞口补强钢材：开设门、窗等洞口和支撑洞口周边的 ALC 板而使用的钢材。

ALC 板用专用连接件：用于连接与安装 ALC 板金属连接构件。

接缝钢筋：沿着 ALC 板长边、接缝位置埋设的钢筋。

填缝砂浆：在 ALC 板与板沟槽位置或孔洞部分等填充的砂浆。

修补砂浆：修补 ALC 板破损或填充预留凹槽的专用砂浆。

防火接缝材料：为了保证抗火性能在 ALC 板间变形缝处填充的接缝防火材料。

容许强度：根据 ALC 板制造商提供的质量保证书等相关资料，ALC 板所能承受的承载能力。

设计荷载：ALC板及进行安装设计时使用的荷载。

安装工法：在外墙、内墙、屋顶、楼板等各部位安装ALC板的方法。

竖装墙体：沿竖直方向设置安装ALC板长边的墙体。

横装墙体：沿水平方向设置安装ALC板长边的墙体。

转动连接安装工法：由每块ALC板单独沿面内转动，协调由地震等引起结构层间位移的纵向安装墙体的方法。

滑动连接安装工法：ALC板下部固定，上部在面内滑动，协调由地震等引起结构层间位移的纵向安装墙体的方法。

螺栓固定安装工法：在ALC板长边方向的两端设置螺栓孔，用贯通螺栓孔的螺栓横向安装墙体的方法。

脚板连接安装工法：在内墙的安装中，ALC板下部用脚板等构件固定在楼板上，上部采用面内能够滑移的方法进行的内墙连接的工法。

锚固钢筋安装工法：在内墙安装中，ALC板下部用锚固钢筋和砂浆固定在楼板上，上部采用在面内能够滑移的方法进行连接的工法。

埋设钢筋安装工法：在屋面板或楼板安装中，ALC板间长边接缝处的孔洞部分埋设钢筋并用砂浆填实的安装方法。

变形缝：地震等外荷载作用时为了不使结构变形而损伤ALC板，在ALC板间设置的缝隙。

悬挑部分：在女儿墙等结构中，没有任何支撑，ALC板悬挑出结构的部分。

搭接长度：ALC板搭接在支撑结构长边方向的长度。

ALC板开槽：为了安装ALC板，在ALC板的表面预留或加工的孔槽。

用语说明：

普通ALC板：是指蒸压轻质混凝土厚度在60mm以上的板材与厚度为60mm以上的角部板材。它的种类通过表面加工的有无分为普通ALC板和创意板。图1-1为ALC板材的种类。

创意板：板材在加工过程中板材的表面制作成花纹或倾斜的板材。

角板：建筑物阴阳角部位使用的板材。

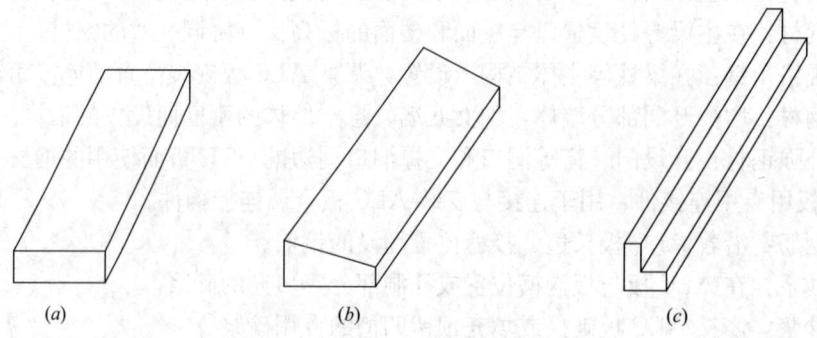

(a)   *(b)*   *(c)*

图1-1 ALC板的种类（一）

(a) 普通ALC板；*(b)* 创意板1；*(c)* 角板；

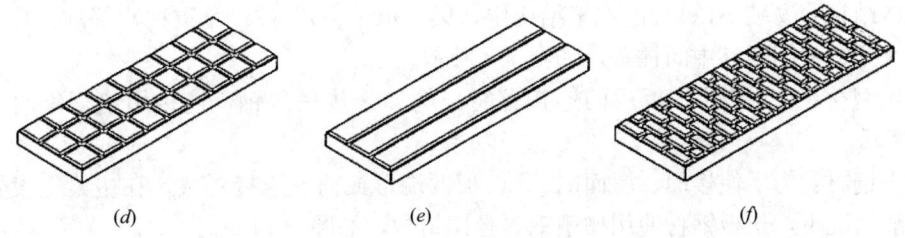

图 1-1　ALC 板的种类（二）

(d) 创意板 2；(e) 创意板 3；(f) 创意板 4

短边：与主筋方向相垂直的边。短边的长度称为板宽，一般短边标准宽度为 600mm（图 1-2）。

长边：与板内主筋平行的边。在板的长边上，根据板材种类的不同在板材安装和密封时加工成一定的沟槽。一般情况下，长边的长度称为板长（图 1-2）。

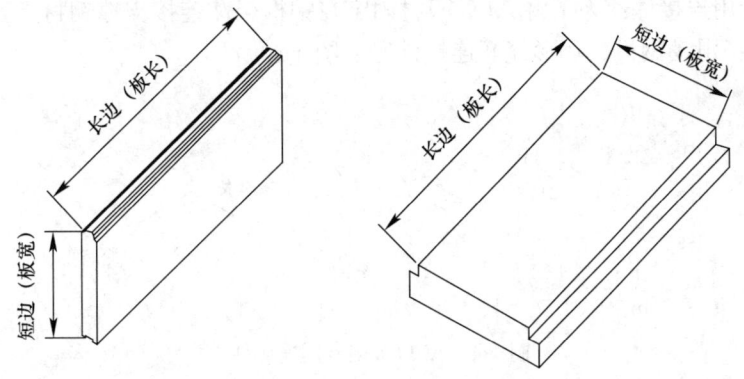

图 1-2　ALC 板短边与长边

连接构造：安装 ALC 板用的基本构件，如图 1-3 所示。

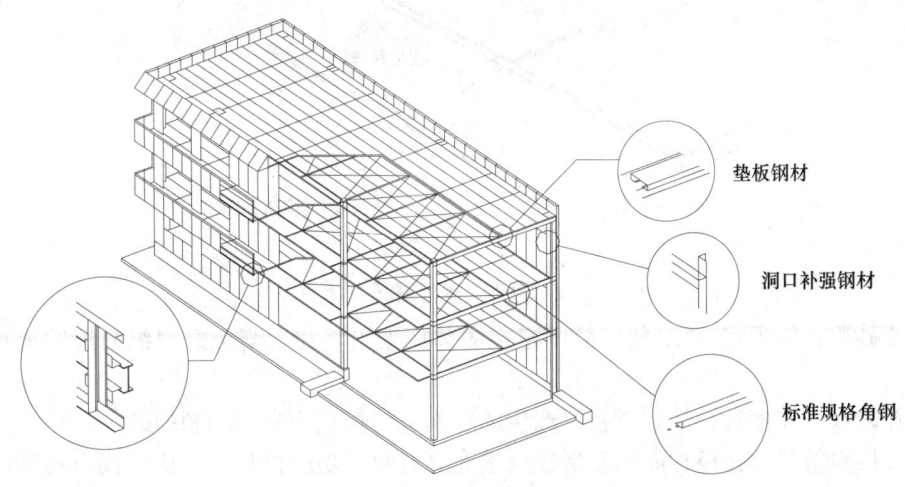

图 1-3　ALC 安装支撑钢材及补强钢材

主体结构：安装 ALC 板的框架结构中，梁（承重梁）、柱（承重柱）等的总称。其中还包括次梁、中间梁和中间柱等，如图 1-3 所示。

连接钢材：安装 ALC 板用的连接钢材。例如连接用角钢，连接用垫板钢材等，如图 1-3 所示。

垫板钢材：为了使楼面、屋面的 ALC 板两端形成简支连接形式，在主梁上设置的垫板。一般情况下，垫板钢材使用槽型钢等轻钢结构，如图 1-3 所示。

标准规格角钢：为了更好地安装内、外墙板，将墙板上的荷载传递给主体框架，在主体框架上安装的连接钢材。通常情况下，使用等边角钢和不等边角钢，如图 1-3 所示。

补强钢材：开洞部位、女儿墙以及悬挂板等进行加固用的钢材。补强钢材具有安装板材的支撑作用，主要在开洞、女儿墙和悬空等部位，起到支撑板材重量的作用。

洞口补强钢材：在内墙和外墙，门窗洞口等部位，为了支撑开洞部位上下（纵向安装时）或左右（横向安装时）墙板设置的加固钢材。通常情况下，使用等边角钢和不等边角钢。

ALC 板专用连接件：为了将 ALC 板材固定在钢框架和连接支撑钢材上，而使用的专用连接件。包括滑动钢板、环形穿筋连接件等（图 1-4）。

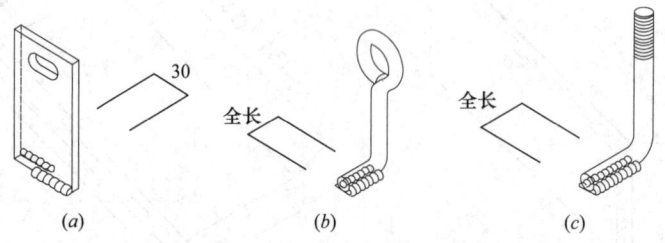

图 1-4　ALC 板用专用连接件

(a) 滑动钢板；(b) 环形穿筋连接件；(c) 钩头螺柱

接缝钢筋：在滑动连接构造、架设钢筋构造等安装工法，沿板缝长边填充砂浆的构造中，在填充砂浆前，在板缝位置处设置的钢筋（图 1-5）。

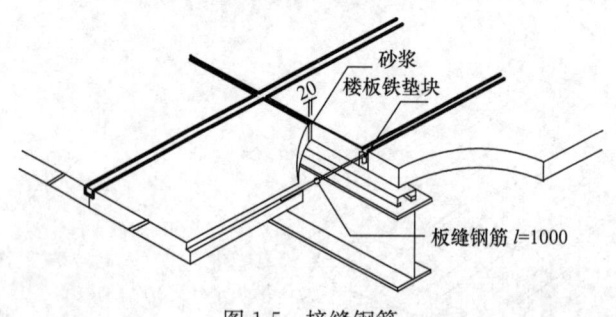

图 1-5　接缝钢筋

填缝砂浆：为了将 ALC 板安装固定在主体框架上，在板与板之间纵向缝隙处填充的砂浆。

修补砂浆：在搬运、放置时板材产生的缺陷进行修补而专门调制的砂浆。

防火接缝材料：在板材间的变形缝处填充具有耐火功能材料时，应使用具有伸缩性能的材料。

设计荷载：ALC 板及安装构造设计时使用的荷载，在一般情况下为面外荷载。设计荷载有恒荷载、活荷载、积雪荷载、风荷载等。

安装工法：是指外墙、内墙、屋面和楼面等各部位 ALC 板安装与安装工法。安装工法和用于安装的金属连接件应该标准化。安装工法种类见表 1-1。

安装工法的种类   表 1-1

外墙	纵向安装	转动连接安装工法
		滑动连接安装工法
	横向安装	螺栓固定安装工法
内墙	纵向安装	脚板连接安装工法
		锚固钢筋安装工法
楼屋面板		埋设钢筋安装工法

竖装墙体：板材安装后长边为竖直方向的墙体称为竖装墙体。竖装墙板的构造方法包括转动连接安装工法、滑动连接安装工法、螺栓固定安装工法等。

横装墙体：板材安装后长边为水平方向的墙体称为横装墙体。横墙的构造法为螺栓固定安装工法。

转动连接安装工法：外墙用 ALC 板竖装时的一种安装工法。地震等水平荷载作用时框架发生层间变形，墙体通过每块板材独立发生面内转动协调主体框架层间变形的构造方法（图 1-6）。

滑动连接安装工法：外墙用 ALC 板竖装时的一种安装工法。在板材下部纵向板缝的间隙处插入板缝钢筋，然后填充砂浆，ALC 板通过专用竖向连接钢板等金属连接件安装在主体框架上，各层板材的上部保证其在面内方向水平滑动（图 1-6）。

螺栓固定安装工法：外墙和隔墙用 ALC 板材的一种安装工法。在板材长边两端设置预埋孔洞，在孔洞处通过螺栓贯通安装在主体框架上的构造方法（图 1-6）。

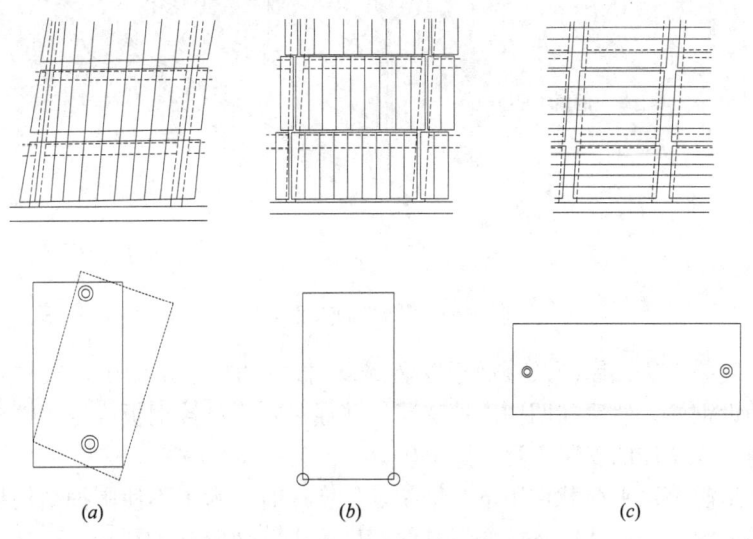

(a)   (b)   (c)

图 1-6　ALC 板各种连接安装工法概念图

(a) 转动连接构造；(b) 滑动连接构造；(c) 螺栓固定连接构造

脚板连接安装工法：内墙用 ALC 板竖装时的一种安装工法。ALC 板下方通过固定在楼板上的钢板等进行安装的构造方法。该构造方法适用于楼层板间设置内隔墙的安装（图 1-7）。

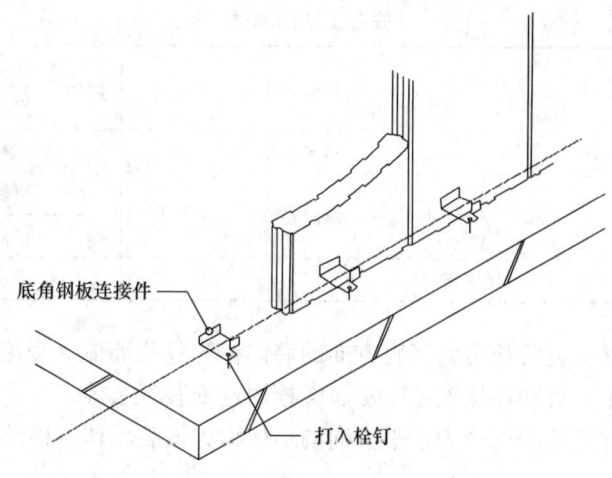

底角钢板连接件

打入栓钉

图 1-7　脚板连接安装工法

锚固钢筋安装工法：内墙用 ALC 板材竖装时的安装构造方法之一。ALC 板材下部纵向缝隙内置入固定在楼板上的钢筋，安装固定好 ALC 板材后，在板缝间填充砂浆的安装工法。该工法适用于楼层间设置内墙的安装（图 1-8）。

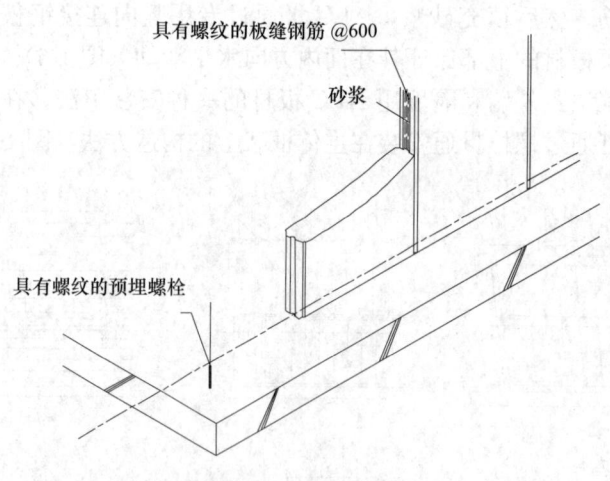

具有螺纹的板缝钢筋 @600

砂浆

具有螺纹的预埋螺栓

图 1-8　锚固钢筋安装工法

埋设钢筋安装工法：屋面及楼面板安装 ALC 板材的构造工法中，板材间长边方向的板缝凹槽内铺设钢筋，然后在凹槽内填灰浆，并通过专用连接钢板或专用螺栓等金属构件与主体框架连接成一体的安装工法（图 1-9）。

变形缝：地震等水平荷载作用下，框架发生变形时，为了不使围护结构损坏，在板与板之间设置的缝隙。一般情况下，变形缝的宽度为 10～20mm（图 1-10）。

悬挑部分：从板材支承位置到板材的悬挑端部，如女儿墙等（图 1-11）。

搭接长度：ALC 板搭接在主体结构上的长度（图 1-12）。

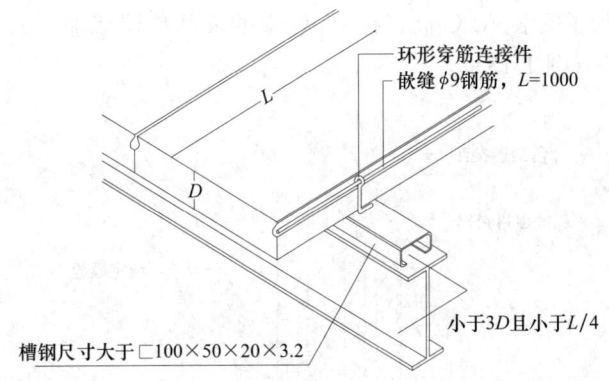

图 1-9　埋设钢筋安装工法

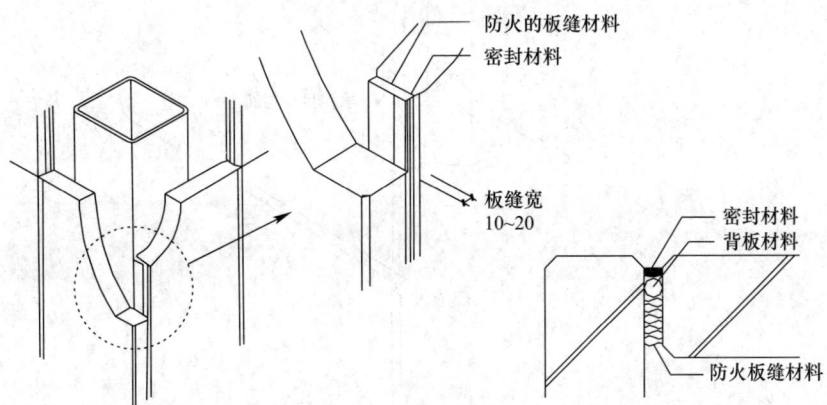

图 1-10　变形缝

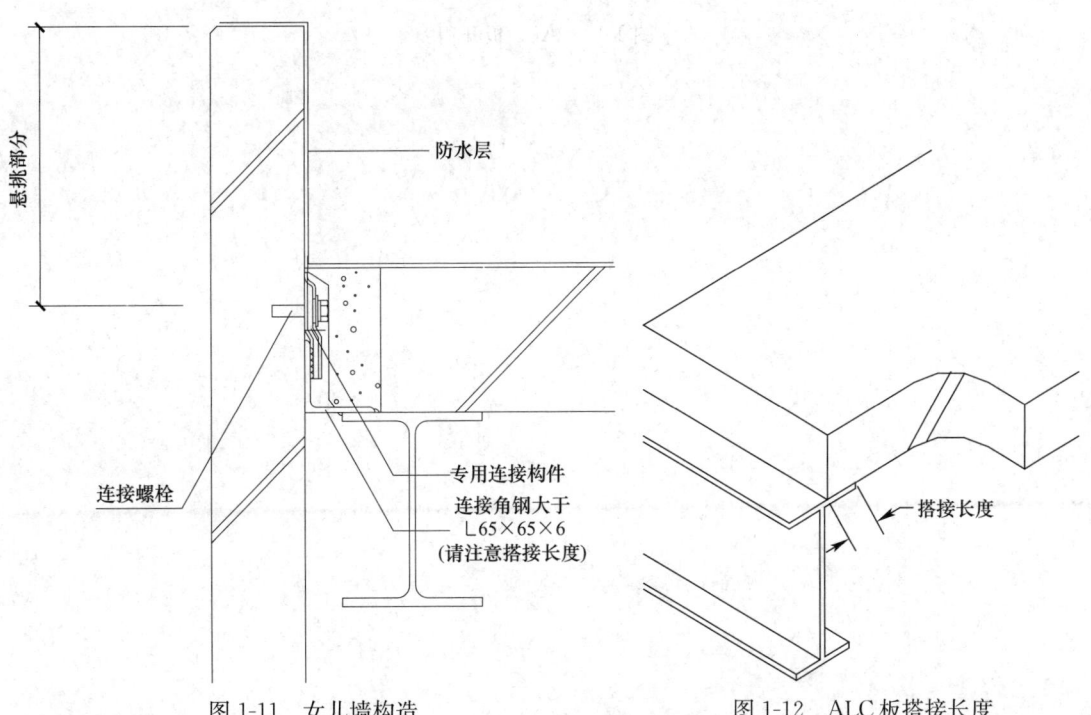

图 1-11　女儿墙构造　　　　　　　图 1-12　ALC 板搭接长度

ALC 板开槽：为了安装 ALC 板，在 ALC 板的表面预留或加工的孔槽。ALC 板表面上开槽处用砂浆填实（图 1-13）。

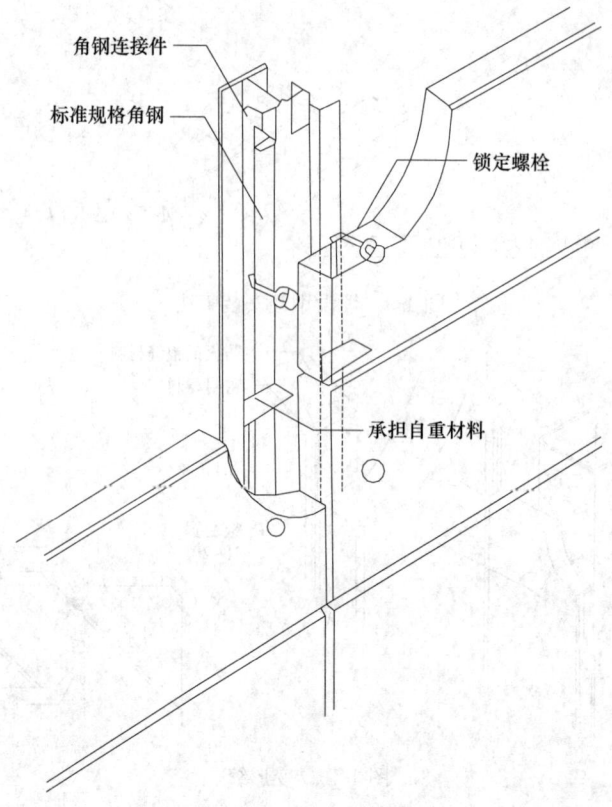

图 1-13　ALC 板开槽

第2章 性能及性能指标

2.1 总则

2.1.1 适用范围

适用于由 ALC 板构成的各类构件（如外墙、内墙、楼面、屋面等）性能。

2.1.2 性能及性能指标

根据相关规范要求确定由 ALC 板构成的各类构件性能及性能指标。

说明：

各类 ALC 板性能要求包括：抗火性能、承载能力、抗震性能、隔声性能、隔热性能、防水性能、耐久性能、环保节能等。设计时，设计人员应根据相关规范在图样上对 ALC 板等需要满足的各性能指标进行恰当表示或描述。

ALC 板材安装工法及构成部位的各性能值是以试验及计算为基础确定下来的，因此，一般情况下可以按照设计性能目标选取 ALC 板连接安装工法。

2.2 抗火性能

（1）由 ALC 板构成的各类构件，对于火灾应具有所要求的抗火性能。

（2）抗火性能用抗火时间表示，其单位为小时或分钟。

（3）建筑物各部位以及各类构件所要求的抗火性能见《建筑设计防火规范》GB 50016—2014 抗火极限部分。

说明：

抗火性能是为了在火灾情况下保证建筑物安全的重要性能。所要求的抗火性能在相关的建筑法规中有相应规定，各部位在构造上的抗火性能应该满足相关规定的要求。抗火性能的表示在相关抗火规范中以小时或分钟表示，本指南也以小时或分钟来表示。

建筑物各部位所需的抗火性能值由于建筑物类型、重要程度等不同而有所不同。因此，设计人员根据设计要求给出 ALC 板的抗火性能值。根据《建筑设计防火规范》GB 50016—2014 规定，其建筑构件的燃烧性能和耐火极限不应低于表 2-1 的规定。

不同耐火等级建筑相应构件的燃烧性能和抗火极限（h）　　　　表 2-1

构件名称		耐火等级			
		一级	二级	三级	四级
墙	防火墙	不燃性 3.00	不燃性 3.00	不燃性 3.00	不燃性 3.00
	承重墙	不燃性 3.00	不燃性 2.50	不燃性 2.00	不燃性 0.50

构件名称		耐火等级			
		一级	二级	三级	四级
墙	非承重墙	不燃性 1.00	不燃性 1.00	不燃性 0.50	可燃性
	楼梯间和前室的墙，电梯井的墙 住宅建筑单元直接的墙和分户墙	不燃性 2.00	不燃性 2.00	不燃性 1.50	难燃性 0.50
	疏散走道两侧的隔墙	不燃性 1.00	不燃性 1.00	不燃性 0.50	难燃性 0.50
	房间隔墙	不燃性 0.75	不燃性 0.50	难燃性 0.50	难燃性 0.25
柱		不燃性 3.00	不燃性 2.50	不燃性 2.00	难燃性 0.50
梁		不燃性 2.00	不燃性 1.50	不燃性 1.00	难燃性 0.50
楼板		不燃性 1.50	不燃性 1.00	不燃性 0.50	可燃性
屋顶承重构件		不燃性 1.50	不燃性 1.00	不燃性 0.50	可燃性
疏散楼梯		不燃性 1.50	不燃性 1.00	不燃性 0.50	可燃性
吊顶（包括吊顶搁栅）		不燃性 0.25	难燃性 0.25	难燃性 0.15	可燃性

2.3 承载能力

（1）由 ALC 板构成的各类构件，对于外荷载应具有所要求的承载能力。

（2）各类构件的承载能力用设计荷载标准值表示，其单位为 N/m^2。

（3）各类构件应该考虑的设计荷载标准值如下：

1）外墙应考虑风荷载；

2）内墙应考虑地震引起的惯性力；

3）屋面板应考虑恒载，堆积荷载，雪荷载以及风荷载；

4）楼板应考虑恒载和堆积荷载。

说明：

各部位的承载能力包括承受 ALC 板自重及由 ALC 板所承担的荷载，并通过连接构造传递到主体框架上。建筑物不同部位的荷载以 N/m^2 为单位进行设计。

所需承载力是指根据构件的部位不同，设计人员在设计图纸上应标记设计荷载。部位和设计荷载见表 2-2。

部位及荷载标准值   表 2-2

部位	荷载	规范
外墙	风荷载	《建筑结构荷载规范》GB 50009—2012 第 8.3.1 条 1
内隔墙	地震荷载	—
屋面	恒荷载*	《建筑结构荷载规范》GB 50009—2012 第 4.0 条
	活荷载	《建筑结构荷载规范》GB 50009—2012 第 5.2 条
	风荷载	《建筑结构荷载规范》GB 50009—2012 第 8.3.1 条
	积雪荷载*	《建筑结构荷载规范》GB 50009—2012 第 7.2.2 条 1
楼板	恒荷载*	《建筑结构荷载规范》GB 50009—2012 第 4.0 条
	活荷载	《建筑结构荷载规范》GB 50009—2012 第 5.1.1 条

注：恒荷载不包括板材自重。

（1）对于外墙板应特别注明的承载力性能为风荷载值。风荷载值根据建筑结构荷载规范第8.3.1条的正风压值进行取值。

（2）内墙板应注明承载力为地震作用。但是，对于电梯隔墙墙板等，除了承受惯性力外还可能承受其他荷载作用。该荷载值超过惯性力的情况下需注明荷载种类和荷载值。

（3）对于屋顶应标明的荷载有恒荷载、活荷载、积雪荷载和风荷载。恒荷载为《建筑结构荷载规范》GB 50009—2012第4.0条，活荷载为《建筑结构荷载规范》GB 50009—2012第5.1.1条，积雪荷载为《建筑结构荷载规范》GB 50009—2012第7.2.2条1，风荷载为《建筑结构荷载规范》GB 50009—2012第8.3.1的规定要求。但是，对于ALC屋面板，注意在设计中需要考虑板材的自重。

（4）对于楼板应该注明的荷载包括恒荷载和活荷载。《建筑结构荷载规范》GB 50009—2012中，恒荷载为《建筑结构荷载规范》GB 50009—2012第4.0条，活荷载为《建筑结构荷载规范》GB 50009—2012第5.1.1条规定。对于楼板将所有的荷载进行组合，然后进行设计。

为了保证ALC板在外荷载作用下的安全性，板材的制造商需进行配筋设计并进行校对。

一般情况下，ALC板的安装强度需要通过试验的方法进行确认。如外墙板安装构造的转动连接，预埋构件的强度、承载能力，变形能力等通过试验确定，安装金属构件可以采用容许强度设计方法进行设计。

ALC板材和安装强度可参照本指南进行确定，如超过本指南范围，应进行单独讨论。

（1）外墙

外墙的安装工法与抗风荷载性能见表2-3。设计荷载超过该范围时，需要进行单独讨论。由于外荷载作用，板材的使用长度受到限制，其长度参照板材制造商提供的资料。

另外，一般对于外墙板来说也有地震荷载作用下的惯性力，但是由于板材的重量较轻，惯性力一般小于风荷载作用。

安装工法及抗风荷载性能（N/m²）　表2-3

安装工法	正风压	负风压
转动连接	2000	1600
滑动连接	2000	1200
螺栓固定连接	2000	1600

（2）内墙

内墙所受的荷载为地震作用下的惯性力，当设计水平地震影响系数 α 为1.0时，板材水平荷载就是板的重量。应该对该荷载作用下ALC板内墙的安全性进行强度设计，确保地震时ALC板的安全性。

在电梯间周围使用ALC板时，由于电梯的运转将产生风荷载，一般情况下该值较小，应确认风压力值是否小于地震作用的惯性力，如果小于地震作用的惯性力可以不考虑。对于高速运行的电梯在运行时可能产生的风荷载值超过惯性力时，在板材安装时应该考虑该荷载值进行板材设计。

（3）屋面

屋面承受的荷载包括恒荷载、活荷载、积雪荷载和风荷载。

1）恒荷载、活荷载、积雪荷载

由 ALC 板构成的屋面，为两端支撑的简支结构，由于仅承受竖向荷载作用，参考本指南的设计方法，屋面的强度由 ALC 板材强度给予保证。

2）风荷载

风荷载一般需要讨论在负风压作用下，ALC 板的安装强度是否满足要求。本指南中，铺设钢筋安装工法的抗风荷载能力，设定为能承受 3000N/mm² 风荷载作用。

在该范围内，本指南给出的连接构造满足强度要求，可以在最大长度范围内使用 ALC 板。设计荷载超过该值时，需要单独进行讨论。

（4）楼板

由 ALC 板构成的楼面，为两端支承的简支结构，由于仅承受竖向荷载作用，参考本指南的设计方法，屋面的强度由 ALC 板材强度给予保证。

2.4 抗震性能

外墙和内墙在地震作用下应具有所要求的抗震性能。抗震性能包括承载能力和地震时变形协调性能。

说明：

地震时，ALC 板所构成外墙和内墙所承受水平惯性力与层间位移角变形要满足《建筑抗震设计规范》GB 50011—2010 的要求。

2.4.1 承载能力

（1）由 ALC 板构成的外墙和内墙，对于地震时所产生的惯性力应具有所要求的安全性能。

（2）安全性能是指在地震时 ALC 板不脱落，其安全性能用设计水平地震影响系数表示。

说明：

地震时 ALC 板产生的惯性力主要是由框架的地震响应加上 ALC 板的相对响应。ALC 板及安装连接部位必须满足地震作用下的安全性能。相对于地震产生的惯性力，安全性能是指保证 ALC 板不脱落。这个性能指标用设计水平地震影响系数 α 来表示。

相对于减隔震建筑，设计人员需对惯性力的取值进行说明。

1）隔震后水平地震作用计算的水平地震影响系数可按《建筑抗震设计规范》GB 50011—2010 第 5.1.4、第 5.1.5 条确定。其中，水平地震影响系数最大值可按下式计算：

$$\alpha_{maxl} = \beta\alpha_{max}/\psi \qquad (2-1)$$

式中 α_{maxl} ——隔震后的水平地震影响系数最大值；

α ——非隔震的水平地震影响系数最大值，按《建筑抗震设计规范》GB 50011—2010 第 5.1.4 条采用；

β ——水平向减震系数；对于多层建筑，为按弹性计算所得的隔震与非隔震各层层间剪力的最大比值。对高层建筑结构，尚应计算隔震与非隔震各层倾覆力矩的最大比值，并与层间剪力的最大比值相比较，取二者的较大值；

ψ ——调整系数；橡胶支座，一般取 0.8；支座剪切性能偏差为 S-A 类，取 0.85；

隔震装置带有阻尼器时，相应减少 0.05。

2）由 ALC 板构成的外墙和内墙需要满足的力学性能如下：

① 外墙

板材强度和安装连接强度应满足《建筑抗震设计规范》GB 50011—2010 中的力学性能要求。对于板厚为 150mm 的 ALC 板材，设计水平地震影响系数 α 取 1.0 时，其水平地震荷载与板材自重相当取 960N/m²。由于该值小于表 2-3 所示的风荷载值，所以一般情况下，满足抵抗表 2-3 规定的风荷载，就能满足抵抗地震荷载作用。

② 内墙

相对于内墙，地震时的惯性力为板材重量×设计水平地震影响系数。当设计水平地震影响系数 α 为 1.0 时，该荷载值与板材自重相等，本指南所述的连接安装工法能够保证其安全性能。

2.4.2　变形协同能力

（1）由 ALC 板构成的外墙和内墙，应具有所要求的变形能力。

说明：

建筑物产生相对位移时，通过上下或左右连接的 ALC 板，产生面内位移（滑动或转动等）。通常考虑面内的层间位移角。

（2）安全性能是指在地震时 ALC 板不脱落，其安全性能值用层间位移角表示，表达方式用分子为 1 的分数表示。

说明：

主体结构的变形作用在外墙、内墙 ALC 墙板脱落前，会发生密封材料断裂，板材开裂等现象，这里的变形协调能力是指不发生板材脱落的层间位移角限值。层间位移角用分子为 1 的分数表示。层间位移角的示意如图 2-1 所示，这里，假定节点为刚接节点并且柱不发生伸缩。

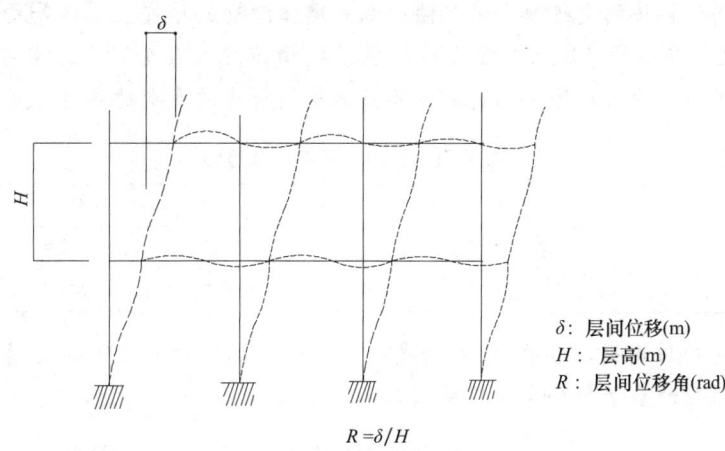

$$R = \delta / H$$

δ：层间位移(m)
H：层高(m)
R：层间位移角(rad)

图 2-1　层间位移角示意图

（3）设计时，安全性能值须进行特殊说明。如没有特殊说明参考本指南进行设计时，地震时 ALC 板不脱落的安全性能层间位移角限值为 1/150。

说明：

《高层民用建筑钢结构技术规程》JGJ 99—2015 中规定，高层建筑钢结构的层间侧移标准值，不得超过结构层高的 1/250，钢筋混凝土结构为主要抗侧力构件的结构，其侧移限值应符合国家现行标准《高层建筑混凝土结构技术规程》JGJ 3—2010 的规定，但在保证主体结构不开裂和装修材料不出现较大破坏的情况下，可适当放宽。《高层建筑钢结构设计规程》DG/TJ 08—32—2008 的第二阶段抗震设计，应满足下列要求：结构层间侧移不得超过层高的 1/70。结构层间侧移延性比不得大于表 2-4 的规定。

结构层间侧移延性比 表 2-4

结构类别	层间侧移延性比
钢框架	3.5
偏心支撑框架	3.0
中心支撑框架	2.5
有混凝土剪力墙的钢框架	2.0

在日本的建筑基准法中，底部剪力综合系数 $C_0 = 0.2$，地震时各层的层间位移角在 1/200 以内。当不产生非常显著的损伤时，可以将层间位移角的设计值规定在 1/120 层间位移角设计范围内。并且，按照日本规范高度超过 31m 的建筑物（即为我国的高层建筑）的屋外维护结构应该保证在层间位移角为 1/150 时不发生脱落现象。转动连接构造、滑动连接构造以及螺栓固定连接构造的层间位移角的协同变形能力在 1/150。

ALC 板构成的外墙和内墙的抗震性能值如下：

1）外墙

根据国外相关规范及研究成果表明：当结构层间位移角达到 1/200 时，围护结构、内外装修材料、设备等未出现明显损伤的情况时，可以采用层间位移角 1/120 的限值，也可以使用通过试验或计算方法获得的安全限值。例如采用 ALC 板时，竖向墙体转动连接安装工法和横向墙体钢板固定连接安装工法、纵向墙体滑动连接安装工法等构造层间位移角的限值为 1/120，其他的情况下为了保证安装连接构造足够安全时，通常可以采用 1/150 层间位移角的限值。通过试验方法得到的各安装构造对应的变形协调能力见表 2-5。

ALC 板的面内层间位移能力试验结果 表 2-5

纵向连接的外墙	转动连接安装工法	1/60 无损伤
	滑动连接安装工法	1/125 无损伤、1/90 微小裂纹、1/60 裂纹
横向连接的外墙	螺栓固定连接安装工法	1/120 微小裂纹、1/100 裂纹、1/50 未脱落

另外有其他资料表明，当 ALC 外墙发生损伤轻微，不影响使用的前提下，对于各连接安装工法所对应的层间位移角限值见表 2-6。

层间位移角的标准值 表 2-6

纵墙	转动连接安装工法	1/100
	滑动连接安装工法	1/150
横墙	螺栓固定连接安装工法	1/150

2）内墙

底脚钢板安装工法和钩头螺栓安装工法中，安装工法的性质与滑动连接安装工法相同，在面内产生滑动，因此应当考虑变形协调性。

3）为了保证以上的协同变形能力，应当设置必要的变形缝。

2.5　其他性能

其他性能包括：

（1）隔声性能；

（2）隔热性能；

（3）防水性能；

（4）耐久性能；

（5）环保节能。

对于上述各性能要求，为了满足其目标性能，应根据需要给出适当的方法。本指南中没有规定的性能，如果设计需要，应在设计中标明 ALC 板以及其他材料的性能。

说明：

关于隔声、隔热性能，本指南中给出的是试验数据和计算算例，即使是同样的 ALC 板材的围护结构由于建筑物的多样性，差异也较大，为此在参考本指南时，需要特别注意该内容的适用条件。对于水密性、耐久性和环境保护等性能可采用常规的方法。

（1）隔声性能

依据《建筑隔声评价标准》GB/T 50121—2005 的规定，建筑构件的空气隔声性能宜分成 9 个等级，每个等级单值评价量的范围应符合表 2-7 的规定。

建筑构件空气隔声性能分级　　　　　　　　表 2-7

等级	范围（dB）	等级	范围（dB）
1 级	$20{\leqslant}R_w+C_j<25$	6 级	$45{\leqslant}R_w+C_j<50$
2 级	$25{\leqslant}R_w+C_j<30$	7 级	$50{\leqslant}R_w+C_j<55$
3 级	$30{\leqslant}R_w+C_j<35$	8 级	$55{\leqslant}R_w+C_j<60$
4 级	$35{\leqslant}R_w+C_j<40$	9 级	$R_w+C_j{\geqslant}60$
5 级	$40{\leqslant}R_w+C_j<45$		

注：1. R_w 为计权隔声量，其相应的测量为用实验室法测量的 1/3 倍频程隔声量 R。

2. C_j 为频谱修正量，用于内部分割构件时，C_j 为 C，用于围护构件时，C_j 为 C_{tr}。

楼板构件的撞击声隔声性能宜分成 8 个等级，每个等级单值评价量的范围应符合表 2-8 的规定。

楼板构件撞击声隔音性能分级　　　　　　　　表 2-8

等级	范围（dB）	等级	范围（dB）
1 级	$70<L_{n,w}{\leqslant}75$	5 级	$50<L_{n,w}{\leqslant}55$
2 级	$65<L_{n,w}{\leqslant}70$	6 级	$45<L_{n,w}{\leqslant}50$
3 级	$60<L_{n,w}{\leqslant}65$	7 级	$40<L_{n,w}{\leqslant}45$
4 级	$55<L_{n,w}{\leqslant}60$	8 级	$L_{n,w}{\leqslant}40$

注：$L_{n,w}$ 为计权规范化撞击声压级，其相应的测量应为用试验室法测量的规范化撞击声压级 L_n。

另外，可以参考日本建筑隔声设计等级曲线对建筑物构件隔声性能进行评价。其评价标准如下：

1）隔声性能-在空气中传播的声音

对于空气中传播的声音，其隔声性能以外墙或内墙为对象，它的性能用由外墙或内墙的音源一侧与接受音源一侧的等级差曲线值来表示。根据相关研究，等级差曲线如图 2-2 所示。

依据 JIS A1419 等规程，规定频率分别为 125Hz、250Hz、500Hz、1000Hz、2000Hz 测得的声音分贝，所有的周波数频域中，5dB 为单位设定的等级曲线以上时，它的最大等级曲线被称为（D 值）隔声性能，如图 2-2 所示。

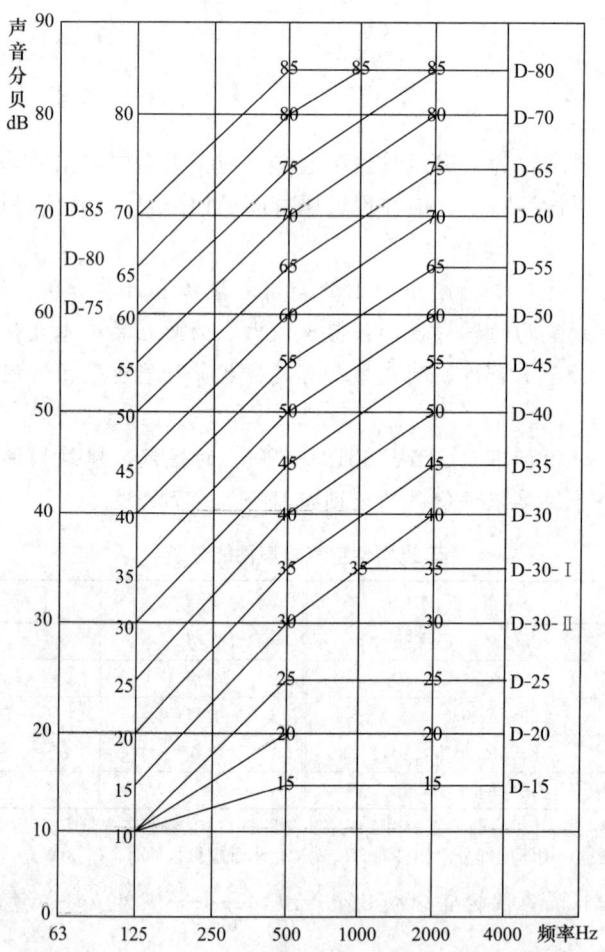

图 2-2　与音压差相关的隔声等级的基本频率特性

2）撞击声的隔声性能

撞击声的隔声性能以楼板为研究对象。楼下室内发生的声音等级称之为楼板撞击等级，隔声性能是指，该楼板撞击声等级用等级曲线表示。依据 JISA 1419 等规程规定，频率分别为 125Hz、250Hz、500Hz、1000Hz、2000Hz 测得的声音分贝，与空气传递声音情况不同，所有的周波数频域中，5dB 单位设定的等级曲线之下时，它的最小的等级曲线被称为（L 值）隔声性能（图 2-3）。

但是，楼板的撞击声音分为轻撞击和重撞击，对于各音源，它的等级用 LL 值或 LH 值表示。

① 对于空气隔声性能，由 ALC 板构成的外墙和内隔墙的隔声性能试验结果如图 2-4 所示。

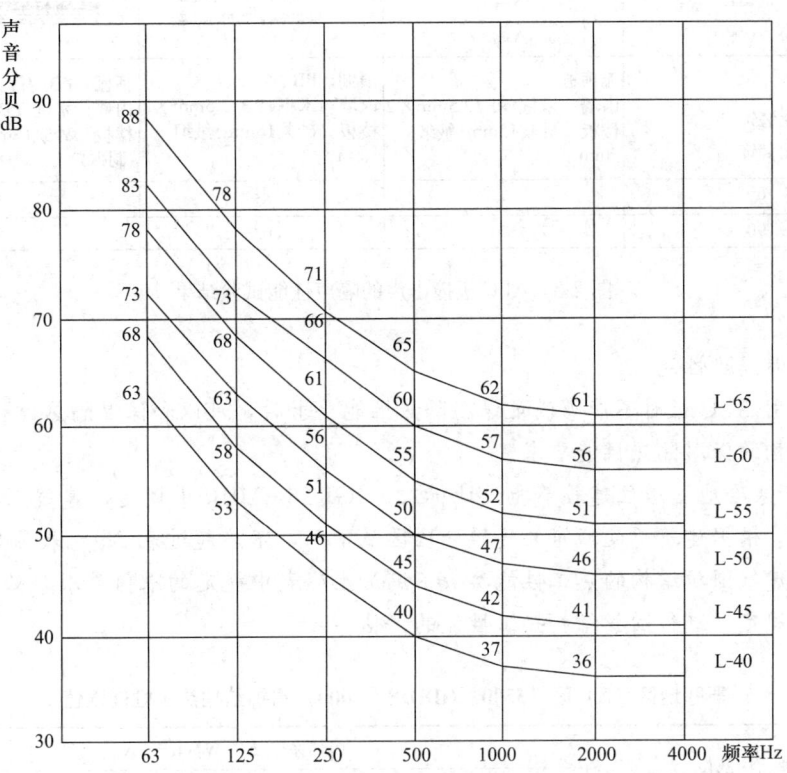

图 2-3　与楼板撞击声等级相关的隔声性能等级的基准周波数特征值

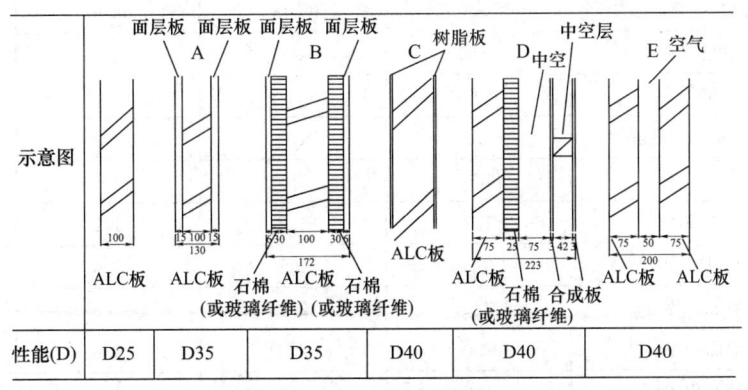

图 2-4　ALC 板隔声性能试验结果

外墙板在隔声设计时，一般情况下开口部的隔声性能较低，需要考虑包含开口部分墙板的设计。

② 楼板撞击声的隔声性能由 ALC 板构成的楼板的试验结果如图 2-5 所示。

图	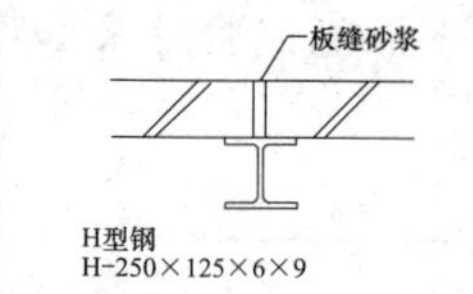 板缝砂浆 H型钢 H-250×125×6×9	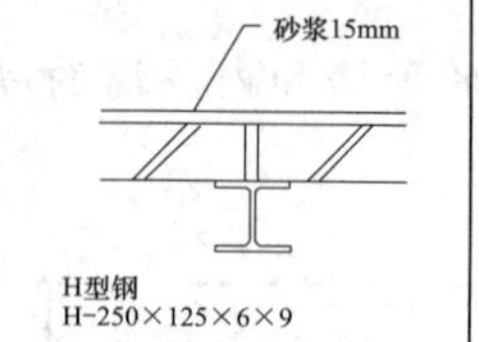 砂浆15mm H型钢 H-250×125×6×9	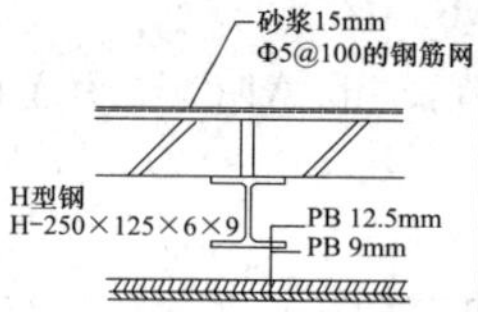 砂浆15mm Φ5@100的钢筋网 H型钢 H-250×125×6×9 PB 12.5mm PB 9mm	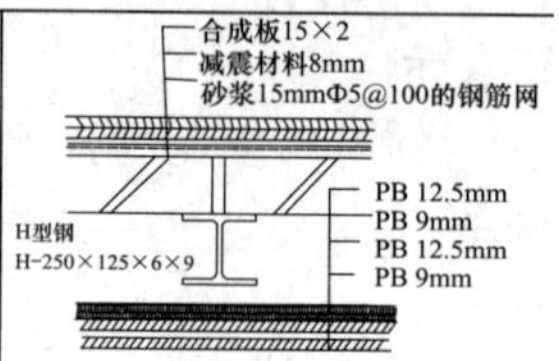 合成板15×2 减震材料8mm 砂浆15mm Φ5@100的钢筋网 H型钢 H-250×125×6×9 PB 12.5mm PB 9mm PB 12.5mm PB 9mm
构成	无顶棚 内壁：无装饰 楼板：无装饰	无顶棚 内墙：木框+PB12.5mm×2 楼板：砂浆15mm+绒缎7mm	顶棚：PB 内墙：木框+PB12.5mm×2 楼板：砂浆15mm+绒缎7mm	顶棚：PB+石棉 内墙：木框+PB12.5mm×2 楼板：砂浆15mm+绒缎7mm（制振）
L_L	97	—	65	57
L_H	90	71	63	58

图 2-5　ALC 板撞击声的隔声性能试验结果

（2）保温隔热性能

当仅采用 ALC 板时不能够满足保温隔热性能要求时，可以和保温隔热材料一起使用，保证围护结构的保温隔热性能要求。

《严寒和寒冷地区居住建筑节能设计标准》JGJ 26—2010 中规定，建筑围护结构的热工性能参数，根据建筑所处城市的气候分区区属不同，不应超过表 2-9～表 2-13 中规定的限值。如果建筑围护结构的热工性能参数不满足上述表中规定的限值要求，必须按照规程第 4.3 节的规定，进行围护结构热工性能的评估。

严寒地区（A）区（5500≤HDD18＜8000）围护结构热工性能限值　　　　表 2-9

围护结构部位		传热系数 K/[W/(m²·K)]			
		≥14 层建筑	9～13 层的建筑	4～8 层的建筑	≤3 层建筑
屋面		0.40	0.35	0.25	0.20
外墙		0.50	0.45	0.40	0.25
架空或外挑楼板		0.50	0.45	0.40	0.30
非采暖地下室顶板		0.60	0.55	0.45	0.35
分隔采暖与非采暖空间的隔墙		1.2	1.2	1.2	1.2
户门		1.5	1.5	1.5	1.5
阳台门下部门芯板		1.2	1.2	1.2	1.2
外窗	窗墙面积比≤20%	2.5	2.5	2.0	2.0
	20%＜窗墙面积比≤30%	2.2	2.2	2.0	1.8
	30%＜窗墙面积比≤40%	2.0	2.0	1.8	1.6
	40%＜窗墙面积比≤50%	1.8	1.8	1.6	1.5
围护结构部位		保温材料层热阻 R/[(m²·K)/W]			
周边地面		1.11	1.11	1.39	1.67
地下室外墙（与土壤接触的外墙）		1.21	1.21	1.52	1.82

严寒地区 (B) 区 (5000≤HDD18＜5500) 围护结构热工性能限值　　　表 2-10

围护结构部位		传热系数 $K/[W/(m^2 \cdot K)]$			
		≥14 层建筑	9～13 层的建筑	4～8 层的建筑	≤3 层建筑
屋面		0.45	0.40	0.30	0.25
外墙		0.55	0.50	0.45	0.30
架空或外挑楼板		0.55	0.50	0.45	0.30
非采暖地下室顶板		0.60	0.55	0.50	0.35
分隔采暖与非采暖空间的隔墙		1.2	1.2	1.2	1.2
户门		1.5	1.5	1.5	1.5
阳台门下部门芯板		1.2	1.2	1.2	1.2
外窗	窗墙面积比≤20%	2.5	2.5	2.0	2.0
	20%＜窗墙面积比≤30%	2.2	2.2	2.0	1.8
	30%＜窗墙面积比≤40%	2.0	2.0	1.8	1.6
	40%＜窗墙面积比≤50%	1.8	1.8	1.6	1.5
围护结构部位		保温材料层热阻 $R/[(m^2 \cdot K)/W]$			
周边地面		0.83	0.83	1.11	1.39
地下室外墙（与土壤接触的外墙）		0.91	0.91	1.21	1.52

严寒地区 (C) 区 (3800≤HDD18＜5000) 围护结构热工性能限值　　　表 2-11

围护结构部位		传热系数 $K/[W/(m^2 \cdot K)]$			
		≥14 层建筑	9～13 层的建筑	4～8 层的建筑	≤3 层建筑
屋面		0.50	0.45	0.40	0.30
外墙		0.60	0.55	0.50	0.35
架空或外挑楼板		0.60	0.55	0.50	0.35
非采暖地下室顶板		0.70	0.65	0.60	0.50
分隔采暖与非采暖空间的隔墙		1.5	1.5	1.5	1.5
户门		1.5	1.5	1.5	1.5
阳台门下部门芯板		1.2	1.2	1.2	1.2
外窗	窗墙面积比≤20%	2.5	2.5	2.0	2.0
	20%＜窗墙面积比≤30%	2.2	2.2	2.0	1.8
	30%＜窗墙面积比≤40%	2.0	2.0	1.8	1.6
	40%＜窗墙面积比≤50%	1.8	1.8	1.6	1.5
围护结构部位		保温材料层热阻 $R/[(m^2 \cdot K)/W]$			
周边地面		0.56	0.56	0.83	1.11
地下室外墙（与土壤接触的外墙）		0.61	0.61	0.91	1.21

寒冷地区（A）区（2000≤HDD18＜3800，CDD26≤100）围护结构热工性能限值　表 2-12

围护结构部位		传热系数 $K/[W/(m^2 \cdot K)]$			
		≥14层建筑	9～13层的建筑	4～8层的建筑	≤3层建筑
屋面		0.60	0.50	0.45	0.35
外墙		0.70	0.65	0.60	0.45
架空或外挑楼板		0.70	0.65	0.60	0.45
非采暖地下室顶板		0.75	0.70	0.65	0.50
分隔采暖与非采暖空间的隔墙		1.5	1.5	1.5	1.5
户门		2.0	2.0	2.0	2.0
阳台门下部门芯板		1.7	1.7	1.7	1.7
外窗	窗墙面积比≤20%	3.1	3.1	3.1	2.8
	20%＜窗墙面积比≤30%	2.8	2.8	2.8	2.5
	30%＜窗墙面积比≤40%	2.5	2.5	2.5	2.0
	40%＜窗墙面积比≤50%	2.3	2.3	2.0	1.8
围护结构部位		保温材料层热阻 $R/[(m^2 \cdot K)/W]$			
周边地面		—	—	0.56	0.83
地下室外墙（与土壤接触的外墙）		—	—	0.61	0.91

寒冷地区（B）区（2000≤HDD18＜3800，CDD26≤2000）围护结构热工性能限值　表 2-13

围护结构部位		传热系数 $K/[W/(m^2 \cdot K)]$			
		≥14层建筑	9～13层的建筑	4～8层的建筑	≤3层建筑
屋面		0.60	0.50	0.45	0.35
外墙		0.70	0.65	0.60	0.45
架空或外挑楼板		0.70	0.65	0.60	0.45
非采暖地下室顶板		0.75	0.70	0.65	0.50
分隔采暖与非采暖空间的隔墙		1.5	1.5	1.5	1.5
户门		2.0	2.0	2.0	2.0
阳台门下部门芯板		1.7	1.7	1.7	1.7
外窗	窗墙面积比≤20%	3.1	3.1	3.1	2.8
	20%＜窗墙面积比≤30%	2.8	2.8	2.8	2.5
	30%＜窗墙面积比≤40%	2.5	2.5	2.5	2.0
	40%＜窗墙面积比≤50%	2.3	2.3	2.0	1.8
围护结构部位		保温材料层热阻 $R/[(m^2 \cdot K)/W]$			
周边地面		—	—	0.56	0.83
地下室外墙（与土壤接触的外墙）		—	—	0.61	0.91

注：1. 表中的窗墙面积比按建筑开间计算。

2. 周边地面是指室内距内墙面 2m 以内的地面，周边地面保温材料层不包括土壤和混凝土地面。

其中对于平均传热系数计算公式如下：

对于一般普通的建筑，墙体的平均传热系数也可以用下式进行简化计算：

$$K_m = \phi \cdot K \quad (W/m^2 \cdot K) \tag{2-2}$$

式中　K_m——外墙平均传热系数，$(W/m^2 \cdot K)$；

K——外墙主断面平均传热系数，$(W/m^2 \cdot K)$；

ϕ——外墙主断面平均传热系数的修正系数。ϕ 按墙体保温构造和传热系数综合考
　　虑取值，其数值见表 2-14。

外墙平均传热系数的修正系数 ϕ　　　　　　　表 2-14

外墙传热系数限值 K_m	外保温		内保温		夹心保温	
	普通窗	凸窗	普通窗	凸窗	普通窗	凸窗
0.70	1.1	1.2	1.3	1.5	1.3	1.5
0.65	1.1	1.2	1.3	1.5	1.4	1.6
0.60	1.1	1.3	1.3	1.6	1.4	1.7
0.55	1.2	1.3	1.4	1.7	1.5	1.7
0.50	1.2	1.3	1.4	1.7	1.6	1.8
0.45	1.2	1.3	1.5	1.8	1.6	2.0
0.40	1.2	1.3	1.5	1.9	1.8	2.1
0.35	1.3	1.4	1.6	2.1	1.9	2.3
0.30	1.3	1.4	1.7	2.2	2.1	2.5
0.25	1.4	1.5	1.8	2.5	2.3	2.8

（3）当 ALC 单板不能满足保温隔热要求时，可以采用复合墙体进行保温隔热，如图 2-6 所示。

（4）防水性能

要求具备防水性能的部位有外墙和屋面。

对于外墙板，ALC 板间的缝隙处应用填充板缝的密封材料及防水涂料进行防水处理。为了充分发挥 ALC 板间填充密封材料的防水性能，需要板缝之间留有适当的缝隙。一般情况下，ALC 板两端的端部加工有一定深度的沟槽，以保证这个缝隙（图 2-7）。关于变形缝，为了保证缝隙尺寸，板间也需要留有适当的缝隙，具体请参照《预制外墙板构造防水施工工艺标准》429—1996 预制外墙板构造防水施工工艺标准。一般情况下，板间缝隙为 10～20mm。密封材料及防水涂料要选择适合 ALC 板的材料，密封材料。

外墙，除了上述部位需要防水外，还有外墙开洞部位、ALC 板和开洞部位的连接部位、女儿墙压顶部位等。为了保证外墙的防水性能，包括这些部位在内，需要进行适当的防水工程处理。

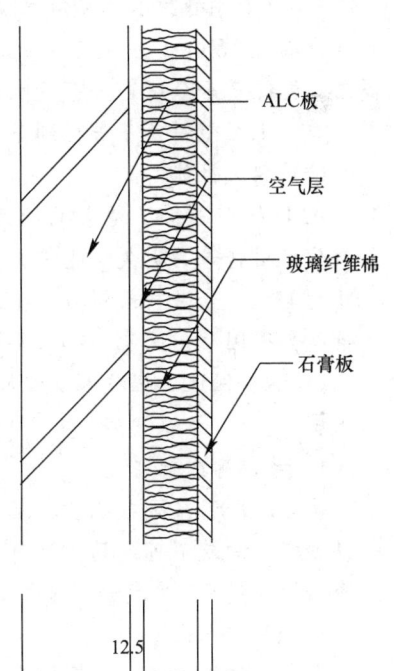

ALC板
空气层
玻璃纤维棉
石膏板

12.5
100　　50　12.5

图 2-6　ALC 外墙保温隔热复合构造

同样，屋面为了保证防水，必须进行防水处理。在《预制外墙板构造防水施工工艺标准》429—1996 中对立缝防水、平缝防水和十字缝防水进行了具体做法说明。

1）做立缝防水。插油毡防水保温条。当外墙板安装就位妥当后，立即将键槽钢筋焊接完毕，在外墙节点（组合柱）钢筋绑扎前，将油毡防水保温条嵌插到底，周边严密，不得鼓出崩裂，也不得分段接插。油毡防水保温条的宽度应适宜，防止浇筑墙体混凝土时堵塞空腔。

插放塑料防水条：插放时要按实际宽度选用合适尺寸的防水条，防止过宽、过窄、脱

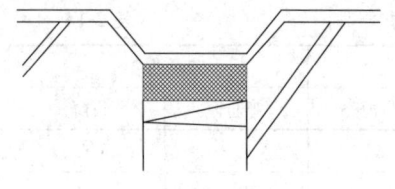

图 2-7 接缝处的处理

槽、卷曲滑脱，如有上述现象应立即更换。防水条的上部与挡水台交接要严密，下部插到排水斜坡上，以便封闭空腔防水，防止杂物掉入空腔内。施工时防水条必须随层同步从上往下插入空腔内，严禁从外墙立面向后塞。在嵌插防水条前，要检查立缝空腔后的油毡防水保温条是否有破损，应及时修补；将浇筑组合柱时洒出的灰浆石子等杂物清理干净，如立缝过窄无法清理时，此缝不能再做构造防水，应进行处理后用防水油膏嵌实填满，改做材料防水。塑料防水条本身具有弹性，便于弯曲嵌插，而且作为勾缝灰浆的底模，所以用砂浆勾缝时，用力不宜过大，以防止防水条脱槽造成空腔堵塞。

2）做平缝防水：平缝的防水效果主要取决于外墙板的安装质量。因此，外墙板就位后要达到上下两板垂直平整，垫块高度合适。做好披水、挡水台的保护，保证平腔完整、平直和畅通。将平腔内塞入油毡卷后，外面再勾上水泥砂浆。油毡卷作为勾缝砂浆的底模，勾缝时用力要均匀，不宜过大，防止将油毡推到里面去堵塞空腔。

3）做十字缝防水：在勾立缝、水平缝砂浆之前将半圆形塑料排水管插入十字缝内，可伸出墙皮15mm，并向下倾斜。施工前应检查立缝上端塑料条与挡水台接触是否严密，高度及卷翻是否合适，如有缝隙必须用油膏密封。下层塑料条的上端应塞在立墙后侧，封严上口，上层塑料条下端插到下层外墙板的排水坡上。

(5) 耐久性能

ALC板在进行了适当的涂装、防水等处理后，一般情况下，涂装材料、密封材料、屋面防水材料等的耐久性能都低于建筑物的使用年限，如果不进行检查和维修，会影响建筑物的美观。如果密封材料及屋面防水材料破裂，脱落会引起建筑物漏水，维持必要的防水性能会很困难。因此，有必要对这些材料进行定期检查，维修和替换。

《外墙外保温工程技术规程》JGJ 144—2004 第3.0.9条，对外保温工程耐久性作出了以下规定：

1）系统耐久性

复合外保温系统在温度、湿度和收缩作用下应是稳定的。无论高温还是低温都将产生一种破坏性的或不可逆的变形作用。表面温度的变化，例如在经受长时间太阳照射之后突然降雨所造成的温度急剧下降或阳光照射部位与阴影部位之间的温差，不应引起任何破坏。

2）部件耐久性

在正常使用条件和为保持系统质量而进行的正常维修下，所有部件在系统整个使用寿命期内均应保持其耐久性。应符合以下几点：

所有部件都应表现出物理、化学方面的稳定性。在相互接触的材料之间出现物理或化学反应的情况下，这些反应应该缓慢地进行。

(6) 环保节能

在ALC板工程中，用低能耗的方法进行现场加工、切割、拆卸等处理。

1）在下订货单时，尽量考虑避免在现场进行切割二次加工ALC边板（边板的尺寸有可能与其他部位板的尺寸不同）。

2）用低能耗的方法进行拆卸、处理。

第3章 安装方法

3.1 ALC板外墙安装

（1）外墙用 ALC 板的安装方法按工法分类见表 3-1。

外墙按安装工法分类　　　　　　　　　　　　　　表 3-1

竖向连接形式的外墙	转动连接安装工法
	滑动连接安装工法
横向连接形式的外墙	螺栓固定安装工法

（2）使用上述工法以外的连接时，需进行特殊说明。

说明：

传统 ALC 板外墙连接还包括竖向插筋连接法、横向挡板构造连接法等。但近些年由于现代建筑工业化需要，尽量减少现场湿作业，为此目前很少采用湿作业施工的竖向插筋连接法，主要采用竖向干作业施工的转动连接和滑动连接安装工法。竖向转动连接安装工法与竖向插入钢筋安装工法相比具有抗震性能好、拆卸方便、再利用率高的特点。另外近年横向挡板安装工法实例较少。下面就表 3-1 所述的转动连接、滑动连接及螺栓固定连接安装工法进行简单说明。

1. 竖向连接

（1）转动连接安装工法

转动连接构造工法是指在板的内部设置专用金属连接件，使板产生可转动的铰接结构，将其固定在一定规格的角钢上，板的重量由下部的承重构件承担，以 ALC 板的转动来适应框架的变形。

本指南中转动连接构造工法的安装如图 3-1～图 3-3 所示。在转动连接构造工法中各构件要求具有相同的适应变形能力。

（2）滑动连接安装工法

滑动连接安装工法是指将设置在板下部的纵向开口处的钢筋预先焊接在规格角钢上，板的上部钢筋通过滑动钢板等金属连接件固定在规格角钢上，板的上部在面内可以滑动。该工法连接构造如图 3-4、图 3-5 所示。

平动连接安装工法是用板纵向开口处灌入的砂浆和钢筋将板固定的构造方法。这种方法适用于风荷载较小的情况，高层建筑中风荷载较大不适用于此种连接构造。因此，在承受较大风荷载处需要采用螺栓或专用钢板补强，此时一般部位能够承受的风荷载为 $1600\text{N}/\text{m}^2$。

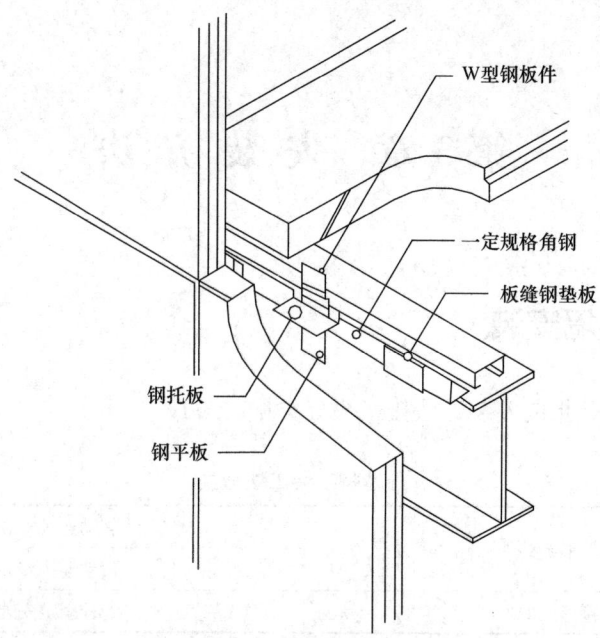

图 3-1 转动连接安装工法的实例

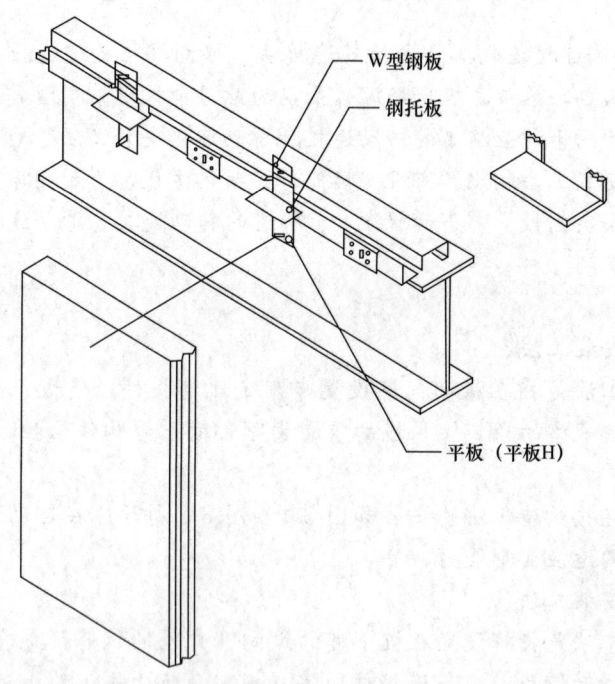

图 3-2 转动连接安装工法下侧 ALC 连接

2. 横向连接

螺栓固定安装工法

1）螺栓固定安装工法是指采用规格角钢等金属连接件与钢柱焊接，之后采用钩头螺栓或专用钢板将 ALC 板固定在角钢上。ALC 板的自重由承重钢材承担，此承重构件为一

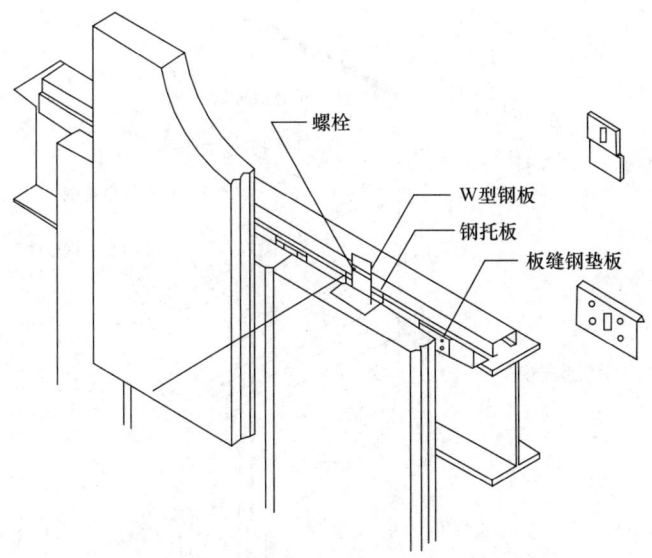

图 3-3　转动连接安装工法上侧 ALC 连接

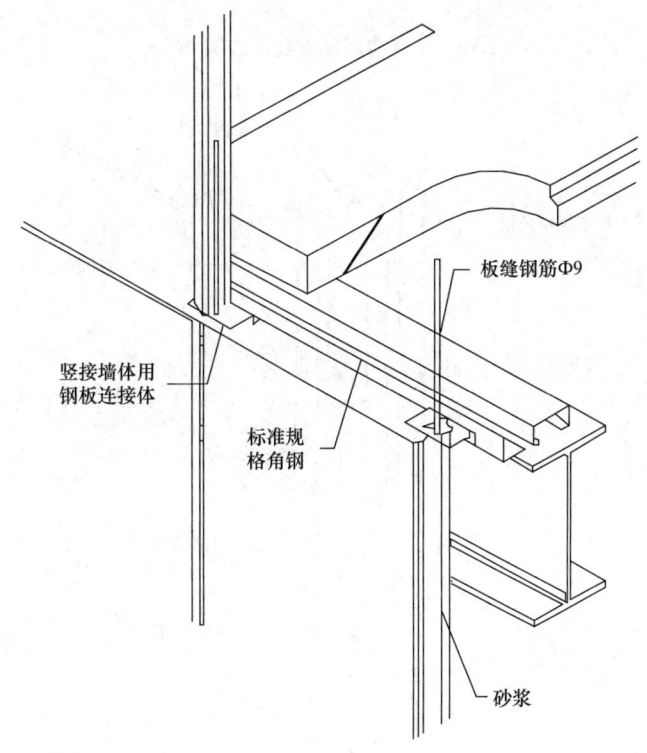

图 3-4　滑动连接安装工法实例 1

定规格的角钢，每 3～5 块板设置一个角钢。当框架发生变形时，上下部分的板会各自移动，以此来适应柱以及框架的变形，其构造如图 3-6、图 3-7 所示。

　　2）电梯间以及楼梯间的隔墙相当于外墙部分。这部分承受的风荷载有可能会增加，此时安装方法采用表 3-1 的构造工法。

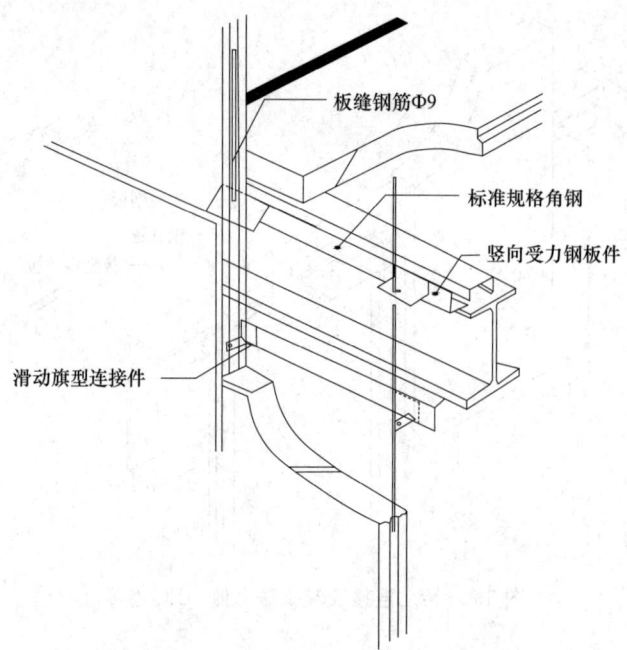

图 3-5　滑动连接安装工法实例 2

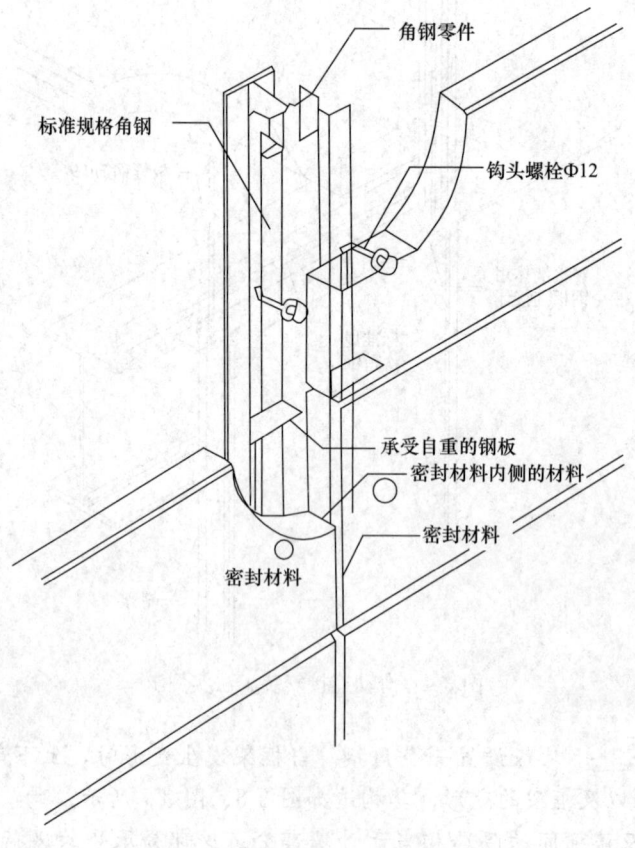

图 3-6　螺栓固定安装工法实例

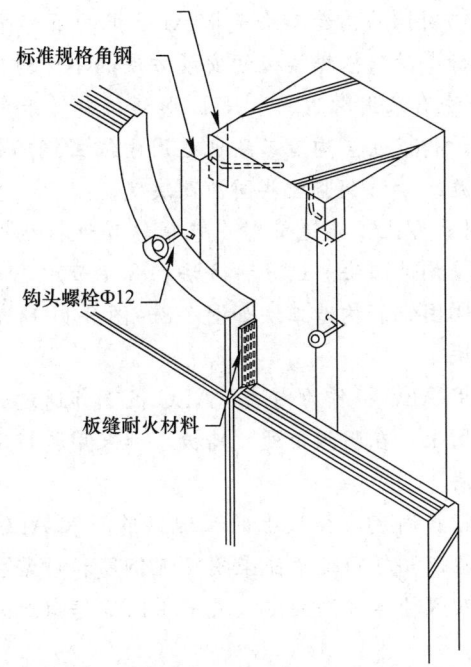

标准规格角钢

钩头螺栓Φ12

板缝耐火材料

图 3-7　钢筋混凝土结构板材安装实例

3.2　ALC 板内墙安装

（1）内墙用 ALC 板的安装按安装工法分类见表 3-2。

（2）使用上述连接安装工法方法以外的连接时，需进行特殊说明。

内墙按安装工法分类　　　　　　　　　　　　　　　　表 3-2

	脚板连接安装工法
竖向连接形式的内墙	锚固钢筋安装工法
	转动连接安装工法
	滑动连接安装工法
横向连接形式的内墙	螺栓固定安装工法

说明：

表 3-2 中介绍的隔墙安装工法中，转动连接安装工法、滑动连接安装工法以及螺栓固定连接安装工法与 3.1 节中的相同。脚板连接构造工法、锚固钢筋构造工法是专门适用于将 ACL 板安装在下层楼板间或者楼板与上层梁之间的连接。安装工法及适用情况见表 3-3。

脚板连接构造和锚固钢筋构造工法适用范围　　　　　　　　　表 3-3

构造方法	下部安装方法	上部安装方法
脚板连接构造工法（干式）	脚板连接	· 采用隔墙滑道进行安装 · 采用 L 形连接件进行安装 · 采用规格角钢进行安装 ＊ 两种方法均通用
锚固钢筋构造工法（湿式）	锚固钢筋	

脚板连接构造工法、锚固钢筋构造工法是指 ALC 板的下部固定在楼板上，ALC 板的上部可以沿着面内方向进行滑动，根据楼板的安装方法的不同对安装方法进行分类。

ALC 板的上部安装方法有采用滑道、采用 L 形连接件、采用定规格角钢等 3 种安装方法。这 3 种方法即适用于脚板连接构造工法也适用于锚固钢筋构造工法。具体采用哪种方法由业主、设计单位、施工单位及监理共同协商决定。

当 ALC 板承受拉力时，即上下层连续时，采用转动连接构造工法、平动连接构造工法，横板采用螺栓固定连接构造工法。这 3 种方法在 3.1 节中已有介绍。

脚板连接构造工法、锚固钢筋构造工法如图 3-8～图 3-11 所示。

（1）脚板连接安装工法

脚板连接构造工法采用 ALC 板作为内墙，ALC 板下部通过脚板进行安装固定，脚板通过射钉等方法固定在楼板上。在阴阳角处，墙板下部采用脚板及螺栓等安装固定。

（2）锚固钢筋构造工法

锚固钢筋构造工法是指将固定在楼板上的预埋钢筋深入 ALC 板的纵向开口处，之后使用砂浆将开口处填满。在阴阳转角处不能采用预埋钢筋和砂浆安装固定，在板下部角部位置可通过固定底板钢板及螺栓等方法固定，或采用固定转角台座、螺栓进行固定。

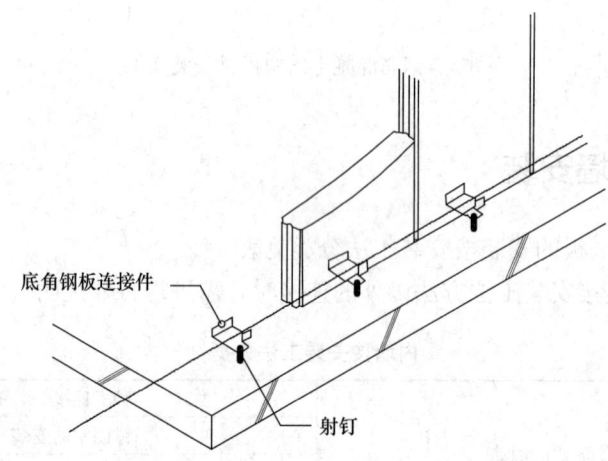

图 3-8　脚板下部的安装工法实例

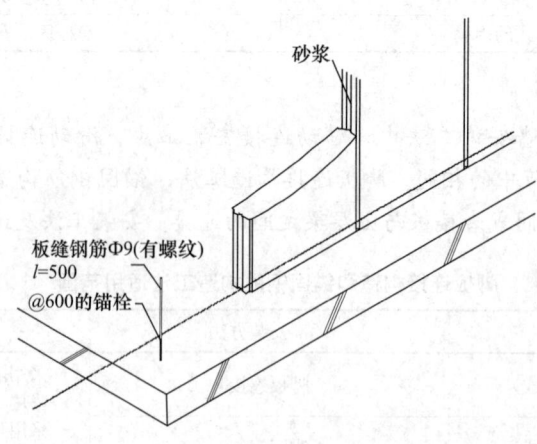

图 3-9　螺栓基础钢筋的安装工法实例

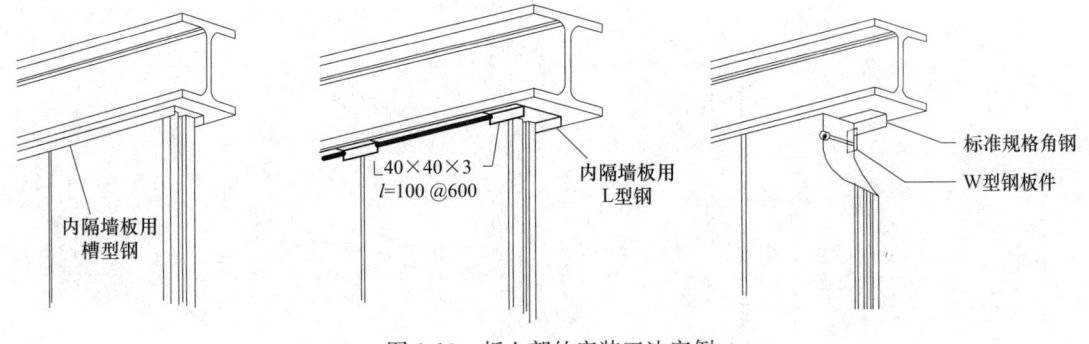

内隔墙板用
槽型钢

∟40×40×3
l=100 @600

内隔墙板用
L型钢

标准规格角钢

W型钢板件

图 3-10　板上部的安装工法实例

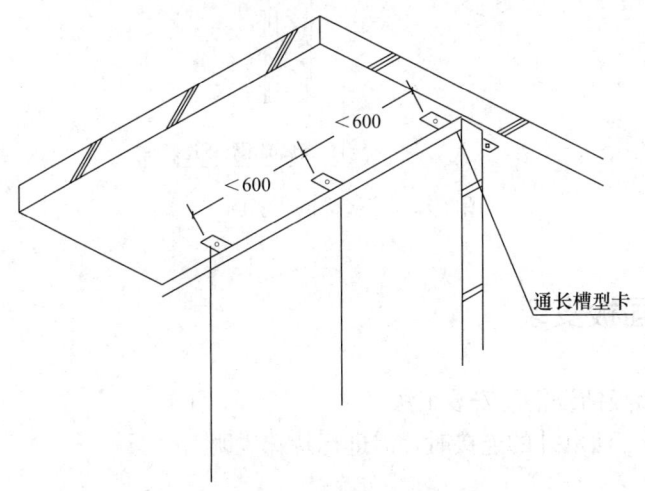

＜600

＜600

通长槽型卡

图 3-11　与楼板上部连接安装工法的实例

当采用表 3-2 中没有介绍的连接方法时需要进行试验检测，检验内容为检测该种连接方法是否满足 3-2 节中的承载能力、抗震性能等性能指标要求。

采用金属连接件将板的下部与楼板相连的连接方法可视为脚板连接构造工法的改进方法。这些连接方法中采用的板均为满足这些连接的构造板材，尽量使连接件不暴露在外面。这样的内墙连接方法总称为"接缝构造法"。如图 3-12 所示。

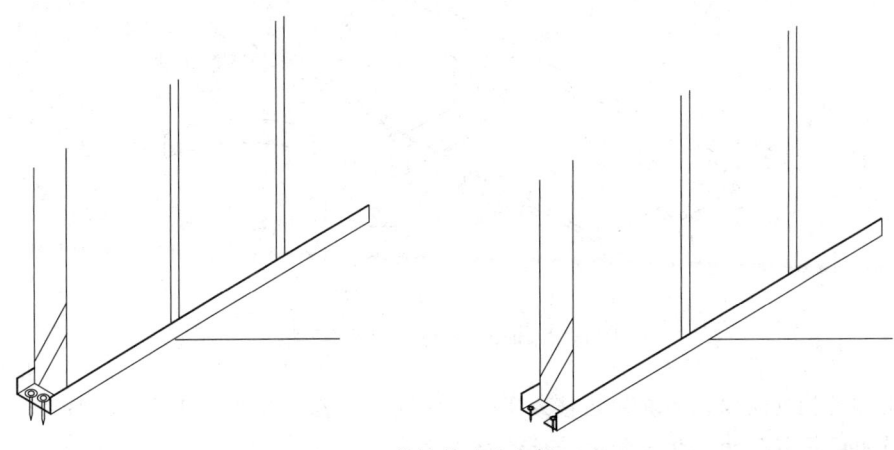

图 3-12　接缝构造法实例（一）

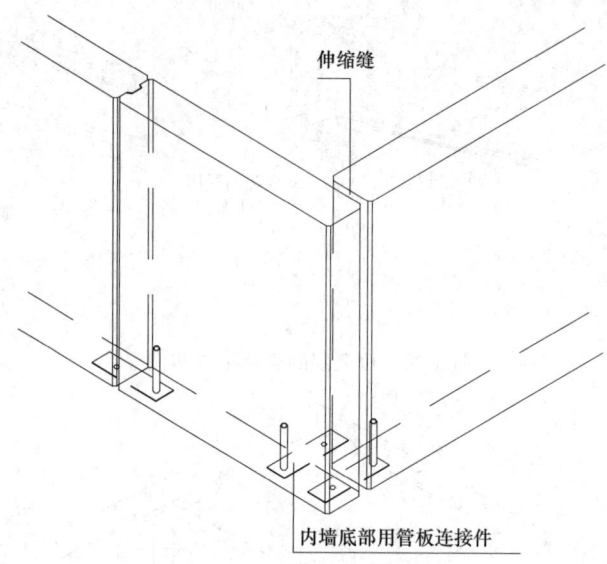

图 3-12　接缝构造法实例（二）

3.3　ALC 屋面板安装

（1）ALC 屋面板铺设钢筋安装工法。

（2）使用上述工法以外的连接时，需进行特殊说明。

说明：

铺设钢筋安装工法是指在板与板之间长边的板缝处设置的凹槽内，通过在短边板缝处固定的金属板铺设钢筋，之后在开口处采用砂浆灌缝处理，在檐口周边和女儿墙等处，根据使用部位的不同，使用 R 型金属连接件、圆形金属连接件等固定 ALC 板（图 3-13）。

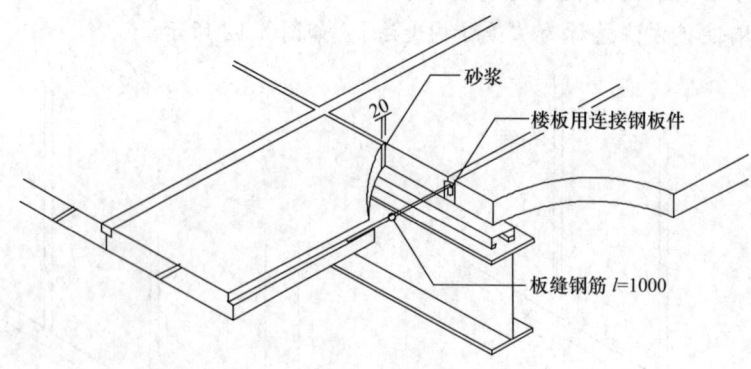

图 3-13　铺设钢筋安装工法实例

采用铺设钢筋法以外的其他连接方法时，需进行试验以及理论计算，检验是否满足本章第 2 节中的承载能力和抗震能力等性能指标。

3.4　ALC 楼板安装

（1）ALC 楼板铺设钢筋安装工法。
（2）使用上述工法以外的连接时，需进行特殊说明。

说明：

铺设钢筋法是指在板与板之间长边的板缝处设置的凹槽内，通过在短边板缝处固定的金属平板铺设钢筋，之后在凹槽内采用砂浆灌缝处理，在外墙等的周边处根据使用部位的不同采用不同金属连接件如 R 形金属的连接件、圆形金属连接件等固定 ALC 板。因为只承受弯矩作用，楼面 ALC 板与屋面用的 ALC 板有所不同。在柱子周围通过切角等方式铺设 ALC 板时，板下铺设承受 ALC 板荷载的钢筋（图 3-14）。

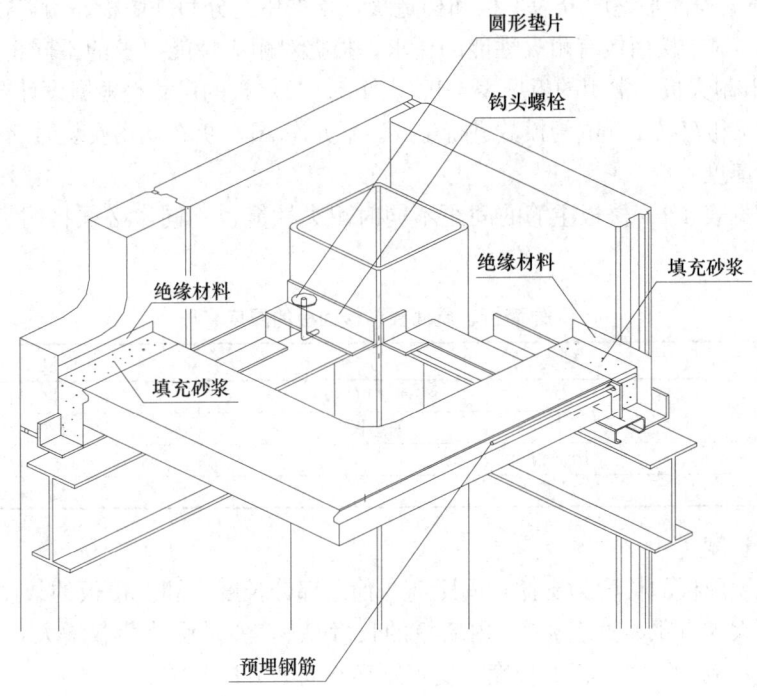

图 3-14　钢材安装实例

采用铺设钢筋法以外的其他连接方法时，需进行试验以及理论计算，检验是否满足本章第 2 节中的承载力和抗震能力等各项性能指标。

第4章 材 料

4.1 ALC板

4.1.1 ALC板的种类和尺寸

ALC板根据表面平整度分为平板和构造板，根据用途分为外墙板、内墙板、屋面板以及楼面板4种。对于楼面板有耐火性能的要求，根据对耐火性能要求的不同将ALC板分为1h耐火板和2h耐火板。常用的板见表4-1、表4-2。ALC板的尺寸是根据设计要求以及现场情况定制的，长和宽以10mm为模数进行生产。不允许ALC板在现场安装时断裂。

（1）板的厚度

板的厚度见表4-1。楼板主筋的间距不同时耐火性能也不同，必须将耐火1h板与2h板分开使用。

外墙板、屋面板、楼面板的厚度 表4-1

种类		厚度（mm）
外墙板	普通ALC板	100、120、125、150
	创意板	100、120、125、150
屋面板		75、80、100、120、125、150
楼板		100、120、125、150

（2）板的长度

外墙板和屋面板的长度为支撑点间距离与伸出部分长度之和。楼板的长度为支撑点间距离。板的最大支点距离见表4-2。内墙板的长度见表4-3。设计荷载增大，ALC板长度以及支点距离均减小。并且板的长度、支点距离与安装方法相关。

外墙、屋面板、楼面板的长度 表4-2

种类		最大支点距离	最大伸出长度
外墙板	普通ALC板	板厚的35倍	板厚的6倍
	创意板	板有效厚度的35倍	板有效厚度的6倍
屋面板		板厚的30倍	板厚的3倍
楼面板		板厚的25倍	

内墙板的厚度以及最大长度 表4-3

种类	厚度（mm）	最大长度（mm）
内墙板	75、80	4000
	100	5000
	120、125	6000
	150	6000

（3）板的宽度

ALC 板的一般宽度为 600mm 或 606mm，最小宽度为 300mm，在此范围内以 10mm 为模数进行生产。从经济性的角度，ALC 板的最佳宽度为 600mm。当 ALC 板为女儿墙以及端部时可以采用其他模数。当 ALC 板为构造板时长度和宽度受加工部位的影响，此时需要由制造商来确认 ALC 板的尺寸。

（4）ALC 板的补强材料

ALC 板的补强材料为钢筋或钢绞线。补强钢筋或钢绞线按照相关规定进行防锈处理。钢筋的直径、数量及钢筋间距等，根据 ALC 板的种类、尺寸、设计荷载等相关计算给出。

（5）角板

角板是外墙板的一种，能够提高建筑物的防水性能以及角部的受力性能，角板有不同的样式。如图 4-1 所示，角板的尺寸一般为 a（宽度）× b（宽度）× d（厚度）= 300mm × 300mm × 100mm，具体尺寸由 ALC 板制造商确认。

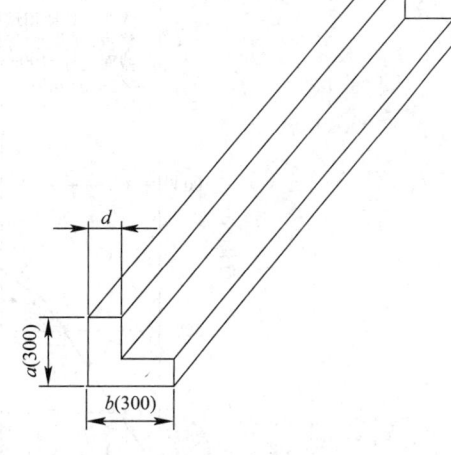

图 4-1　角板

4.1.2　设计荷载和容许荷载

ALC 板的计算是指作用在 ALC 板单位面积上的外力，根据 ALC 板用途不同计算见第 5 章 ALC 板设计。设计荷载按 2.3 节中所述的承载力及要求性能来计算。容许荷载由 ALC 板的弯曲应力换算求得，ALC 板两端支撑条件与单跨简支梁相同，这个容许荷载是面外荷载。为了保证 ALC 板的强度其容许值应大于设计值。表 4-4 为日本资料《建筑工程标准指南及说明 JASS21 ALC 板工程》（日本建筑学会）中记载的 ALC 外墙抗弯承载力试验结果。

ALC 板的抗弯承载力试验结果　　　　表 4-4

1. 试验体

种类	外墙板		
荷载	单位荷载 W_d：2000N/m²	板自重 W_o：(50kg/m²×9.8)N/m²	楼面板、屋面板质量为 650kg/m³ 外墙板、隔墙板质量为 500kg/m³
尺寸	100mm×600mm×2690mm		

2. 试验方法：抗弯承载力试验

试验荷载：$(W_d-W_o)×b×l_0 = (2000-490)×0.6×2.59 = 2347N$

容许挠度：$[(W_d-W_o)/W_d]×(11/10)×(l_0/200) = 10.8mm$

W_d——单位荷载；W_o——ALC 板自重；b——板宽；l_0——弯曲长度（ALC 板长度−0.1m）

3. 结果

		《蒸压处理的轻质混凝土板（ALC 板）》JISA 5416—1997 规范规定结果			
试验项目	试验荷载	是否满足规范要求		设计荷载、变形、破坏荷载	安全率
挠度	2347N	允许挠度 10.8mm 实际 3.0mm	合格	设计荷载 3108N	
变形	同上	没有产生变形时候	合格	产生变形的荷载 6740N	2.22
破坏				破坏荷载 15180N	4.9

产生变形的荷载：承受的荷载＋ALC板的自重
安全率：产生变形的荷载/设计荷载；破坏荷载/设计荷载
4. 荷载-挠度

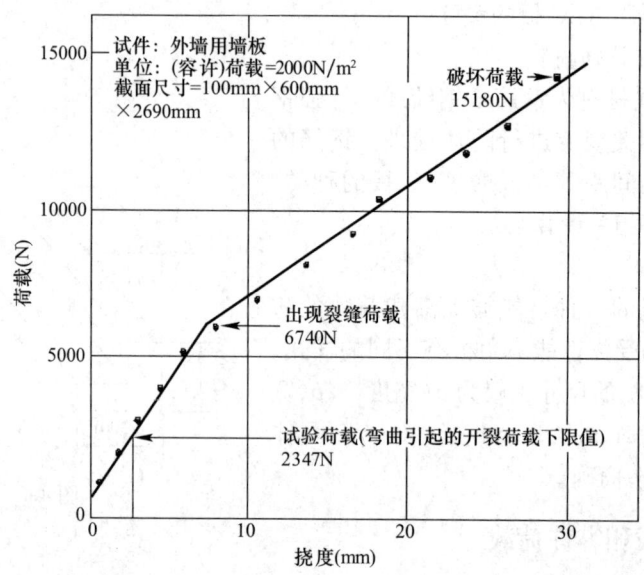

（1）长边侧面的加工形状

板的长边侧面根据构造方法、安装方法不同进行开槽。外墙板的外侧留有填充密封材料的凹槽。外墙板、内墙板根据其用途不同加工形状也不同。屋面板、楼面板的沿长边一侧上表面开设填充砂浆的凹槽，下表面在加工时保证表面的平整，开口和长边侧面加工情况如图 4-2 所示。

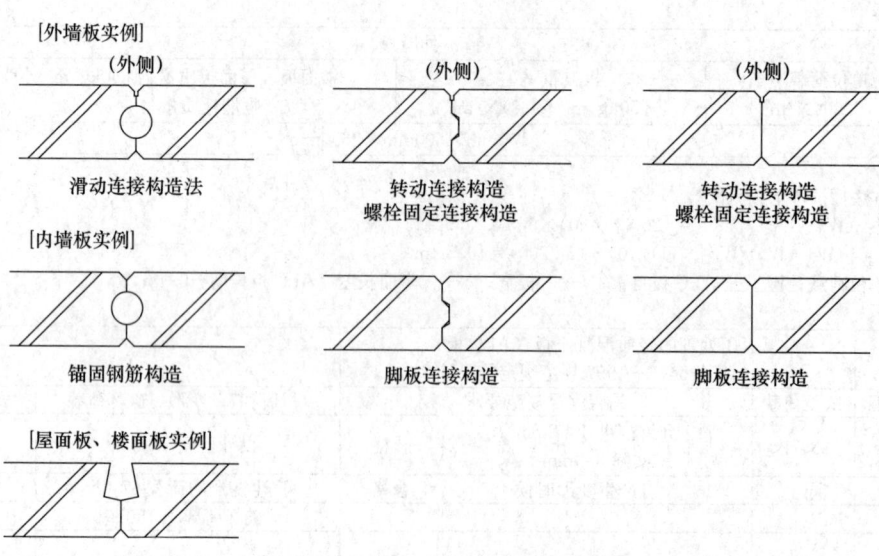

图 4-2　ALC 板侧面加工开槽形状

（2）物理性能

ALC 板的各性能见表 4-5。ALC 板与一般的水泥材料相比，具有重量轻、隔热性能好、强度好、抗震性能好及吸水性能稍大等特点。

ALC 板的各种性能　　　　　　　　　　　　　　　　表 4-5

性能指标		单位	蒸压轻质加气混凝土墙板检测值	检测标准	标准值
干体积密度		kg/m³	500±20	GB/T 11969—2008	500±50
立方体抗压强度		MPa	≥4.0	GB/T 11969—2008	≥2.5
干燥收缩率		mm/m	≤0.3	GB/T 11969—2008	≤0.8
导热系数（含水率5%）		W/(m·K)	0.11	GB/T 10295—2008	0.15
抗冻性	质量损失	%	≤1.5	GB/T 11969—2008	≤5.0
	冻后强度	MPa	≥3.8		≥2.0
钢筋与蒸压轻质加气混凝土墙板粘结强度		MPa	平均值 3.5 最小值 2.8	GB/T 15726—2008	平均值≥0.8 最小值≥0.5
蒸压轻质加气混凝土墙板耐火极限		h	100mm 厚墙 3.23，150mm 厚墙＞4	GB/T 9978—2008	
50mm 厚蒸压轻质加气混凝土墙板保护钢柱耐火极限		h	4	GB/T 9978—2008	4
50mm 厚蒸压轻质加气混凝土墙板保护钢梁耐火极限		h	3	GB/T 9978—2008	3
吸水率		%		GB/T 11969—2008	—
水软化系数		%	0.88		
平均隔声量	100mm 厚蒸压轻质加气混凝土墙板	dB	36.7	GB/T 50121—2005	
	100mm 厚蒸压轻质加气混凝土墙板＋两面 1mm 腻子		40.8		
	125mm 厚蒸压轻质加气混凝土墙板		41.7		
	125mm 厚蒸压轻质加气混凝土墙板＋两面 3mm 腻子		45.1		
	150mm 厚蒸压轻质加气混凝土墙板		43.8		—
	150mm 厚蒸压轻质加气混凝土墙板＋两面 3mm 腻子		45.6		—
	175mm 厚蒸压轻质加气混凝土墙板		46.7		—
	175mm 厚蒸压轻质加气混凝土墙板＋两面 3mm 腻子		48.1		—

性能指标	单位	蒸压轻质加气混凝土墙板检测值	检测标准	标准值
尺寸误差	mm	长±2，宽0～−2，厚±1	GB/T 15762—2008	长±7，宽0～−6，厚±4
表面平整度	mm	1	GB/T 15762—2008	5
线膨胀系数	/℃	7×10		—
弹性模量	N/mm	1.75×10		—

4.2 连接构造、补强钢材、连接专用构件以及钢筋

（1）连接构造和补强钢材应由《建筑用压型钢板》GB/T 12755—2008 以及其他具有同等以上材质的钢材经过适当的防腐处理制作而成。

（2）连接 ALC 板专用构件的材质、形状、尺寸以及防腐处理应符合相关规范规定。

（3）ALC 板用钢筋应是指《建筑用压型钢板》GB/T 12755—2008 和《钢筋混凝土用钢 第 1 部分：热轧光圆钢筋》GB 1499.1—2008、《钢筋混凝土用钢 第 2 部分：热轧带肋钢筋》GB 1499.2—2007 以及其他具有同等以上材质的钢筋。圆钢直径大于 8mm，螺纹钢直径大于 12mm。

说明：

安装板时用到的钢材有角钢、槽钢等钢材以及洞口处的补强钢材。这些钢材的性能需满足或强于《钢结构设计规范》GB 50017—2017 中对钢材的要求。对于这些钢材需要适当的处理，并应满足《钢结构防腐涂装技术规程》CECS 343—2013 的要求。在沿海地区钢材容易受到盐类的腐蚀，此时需要采用抗腐蚀钢材，焊接部位需要做处理去除抗腐蚀材料，这样才能保证焊接质量。

安装专用连接件是为了将 ALC 板连接到框架或基础上，一般为钢板、平钢加工件、钢筋加工件等。这些金属材料的材质、形状、尺寸以及防腐蚀处理等指标由 ALC 生产厂商提供。转动连接安装工法使用的板内部钢筋、现场连接件等金属的形状、材质、尺寸以及防腐蚀处理指标由 ALC 板制造商提供。当采用制造商规定以外的连接件时需要采用理论计算和实验方法对其进行验证，还需要得到业主、设计、监理等各方的认可。

板的安装钢筋是指在滑动构造法、铺设构造法以及短钢筋构造法中为了将板与梁或基础连接起来，需采用钢筋插入板间的缝隙中，这样的钢筋称为板的安装钢筋。插入板开口处的钢筋由于受到填充砂浆的保护，所以不用做特殊的防腐蚀处理。

4.3 填缝砂浆

（1）水泥：为《通用硅酸盐水泥》GB 175—2007 中的通用硅酸盐水泥和早强水泥以及具有同等以上材质的水泥。如果使用其他水泥时，需得到业主和监理方的同意。

（2）砂：要求不含有害物质、土、有机物、卤化物等，并且最大粒径不大于 5mm 有适当颗粒级配的砂料。如果使用其他砂料时，需得到业主和监理方的同意。

（3）水：不应含有给钢筋和砂浆带来不良影响的水。

（4）砂浆的调配：按体积，水泥：砂子的比例为1：3.5。如果使用其他砂浆时，需得到业主和监理方同意方可使用。对于调配好的砂浆，待确认其性能后方可使用

（5）砂浆是填充 ALC 板连接部位的缝隙，应需有适当的流动性。

说明：

本规定适用于滑动连接安装工法、锚固钢筋连接安装工法和脚板连接安装工法的板与板之间接缝处的填充砂浆。填充砂浆适用于纵向板的侧面竖向开口处的接缝以及屋面板的水平接缝处。具体位置如图 4-3 所示。

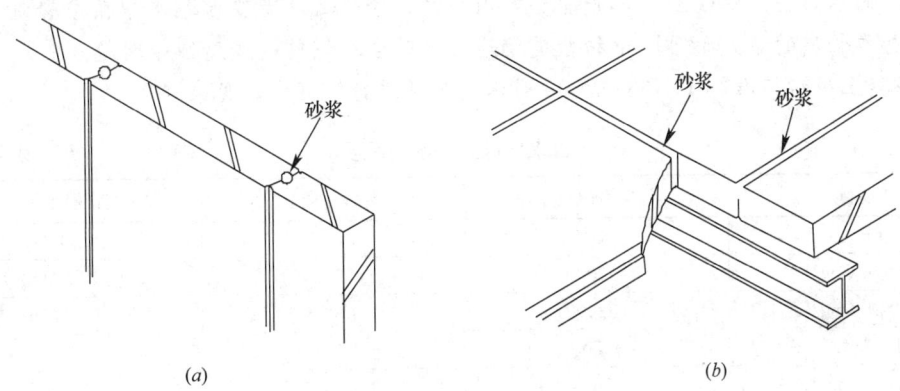

(a)　　　　　　　　　　　　　　　　　　　　　(b)

图 4-3　板缝填充砂浆实例

(a) 竖向板缝（外墙、内墙）滑动构造法、锚固钢筋构造法；(b) 水平板缝（屋面板、楼面板）铺设钢筋构造法

ALC 板的施工过程中常用的水泥为《通用硅酸盐水泥》GB 175—2007 规定的普通硅酸盐水泥。当采用《通用硅酸盐水泥》GB 175—2007 规定的早强硅酸盐水泥和中热硅酸盐水泥时需考虑水泥特性以及填充位置和填充时间等事项。对质量好的水泥也需要考虑这些问题。

砂子中有可能存在有害物质、土、有机盐类等杂质，当这些杂质的含量超过某一个限值时就会对水泥的硬化收缩有影响，强度也会降低，黏着力也会降低。山砂中含有土类以及有机化合物等杂质，海砂中含有有机盐类等杂质，当使用这些砂子时需要确定其杂质含量是否符合规范规定的要求。

《普通混凝土用砂、石质量及检验方法标准》JGJ 52—2006 对砂子的质量要求如下：在屋面板处使用的砂子粒径不能过大，若粒径过大屋面板表面不光滑并且对防水施工有一定的影响，所以不采用粒径大的砂子。

砂中有害物质含量见表 4-6。砂子的标准直径见表 4-7。

砂中有害物质含量　　　　　　　　　　　　　　　　　　　　　　　　表 4-6

项目	质量指标
云母含量（按质量计，%）	≤2.0
轻物质含量（按质量计，%）	≤1.0
硫化物及硫酸盐含量（折算成 SO_3 按质量计，%）	≤1.0
有机物含量（用比色法试验）	颜色不应深于标准色。当颜色深于标准色时，应按水泥胶砂强度试验方法进行强度对比试验，抗压强度比不应低于 0.95

表 4-7

砂颗粒级配区

公称粒径累计筛余（%）级配区	Ⅰ区	Ⅱ区	Ⅲ区
5.00mm	10～0	10～0	10～0
2.50mm	35～5	25～0	15～0
1.25mm	65～35	50～10	25～0
630μm	85～71	70～41	40～16
315μm	95～80	92～70	85～55
160μm	100～90	100～90	100～90

采用的水为自来水或地下水等能够饮用的水，除此之外需要检测水中杂质含量。当水中含有盐类物质的量大于砂子中的盐类物质含量时会对钢筋造成腐蚀等问题。

《混凝土用水标准》JGJ 63—2006 对水的质量进行了规定，见表 4-8。

表 4-8

自来水以外的水的品质

项目	预应力混凝土	钢筋混凝土	素混凝土
pH 值	≥5.0	≥4.5	≥4.5
不溶物（mg/L）	≤2000	≤2000	≤5000
可溶物（mg/L）	≤2000	≤5000	≤10000
Cl^-（mg/L）	≤500	≤1000	≤3500
SO_4^{2-}（mg/L）	≤600	≤2000	≤2700
碱含量（mg/L）	≤1500	≤1500	≤1500

注：碱含量按 $Na_2O+0.658K_2O$ 计算值来表示。采用非碱活性骨料时，可不检验碱含量。

填充砂浆可以填充纵向板的侧面竖向开口以及屋面板的水平接缝。当采用的填充方法不同时采用的砂浆具有的流动性也不同。砂浆的流动性较小时很难填充密实，当流动性大时又有可能从接缝处流出来，所以要确保砂浆的流动性。测定流动性的指标为坍落度。竖向接缝处采用的砂浆标准值为 200～230mm，水平接缝处的砂浆标准值为 180～200m。

这两个接缝处采用的砂浆的水泥与沙子的比例为 1∶3.5，加入适量的水。当采用表 4-8 中规定的粒径时，竖向接缝处的水灰比为 65%，水平接缝处的水灰比为 60%。根据砂子含水率大小调整用水量。

搅拌方法为首先将砂子中加入水泥之后进行搅拌，搅拌均匀后加入规定量的水，继续搅拌均匀。搅拌采用搅拌机进行，加入水后搅拌的时间为 3min 左右。

为了增大砂浆的保水性、流动性等指标可以加入增黏剂等混合剂，加入多少以及加入方法由混合剂制造商提供。在严寒地区也可加入防冻剂，防冻剂中含有盐类物质对钢筋由腐蚀作用，所以在采用时需要将量控制在规范规定的范围内。施工时也可以使用商品砂浆，使用此类砂浆时也要保证上述所有指标满足规范要求。

4.4 修补砂浆

（1）修补砂浆，因为需要具有与 ALC 板良好的附着性，施工方便性等要求，应由 ALC 板生产商指定。如果使用其他修补砂浆时，需得到监理单位的同意。

（2）ALC 板连接部位表面需用密封胶处理。此时，需要使用 ALC 板生产商指定的密封胶。

说明:

在质量检查时,当 ALC 板影响使用要求或在安装板时支承处有损坏时,需要采用修补砂浆修补缺陷部分。采用的修补材料由 ALC 板制造商提供。修补砂浆应为与 ALC 板的吸水性、强度等物理特性相近的材料,颜色也需要较为相近,此材料的成分为 ALC 粉末、珍珠岩粉末和水。加入水的量以及使用方法由 ALC 板制造商提供。

修补砂浆的主要成分为水泥,所以不能长期存放,水泥会吸收空气中的水分以及氧化物等气体,发生凝结硬化反应,影响水泥的性质,因此保存时需注意防潮防风。且应该注意即使在保质期内,也应该经检查未出现风化和凝固的情况下使用。

修补 ALC 板时为了保证修补砂浆与 ALC 板的黏着力需要对 ALC 板的修补处进行封口处理。此时采用的封口剂由 ALC 板制造商提供。ALC 板制造商提供的封口剂成分为丙烯酸酯类、醋酸乙烯类、SBR 类等。

4.5　其他材料

(1) ALC 板填缝用的填缝材料,按照安装工法进行分类见表 4-9。

适用于不同安装工法的填缝弹性材料　　　　表 4-9

安装工法			耐久性划分				
			7020	8020		9030	
			AC-1	PU-1	PU-2	MS-1	MS-2
竖向连接形式墙壁	转动连接工法		○	○	○	○	○
	平动连接工法	纵缝	○	○	○	○	○
		横缝	×	○	○	○	○
横向连接形式墙壁	螺栓固定工法		○	○	○	○	○

注:1. ○:适合;×:不适合。
　　2. 表中表示的是在填缝材料表面涂有涂料情况。填缝材料表面没有涂涂料时,仅限于耐久性较好的 9030 系列(MS-1 和 MS-2)。并且 MS-1 弹性材料有可能没有进行耐久性划分,此时,确定其性能后方可使用。
　　3. 表中,填缝材料的耐久性,主要成分及产品形态标号根据《聚氨酯建筑密封胶》JC/T 482—2003 相关规定。

(2) 防火材料主要指人工矿物纤维保温板系列、陶瓷纤维板系列及具有同等以上材质的材料。如果用其他材料需得到业主和监理方同意。

(3) ALC 板间连接用的连接材料,应使用 ALC 板制造商指定材料。如果采用其他连接材料需得到业主和监理方同意。

(4) 在施工现场使用防腐涂料,如果用涂刷形式防腐涂料时采用《建筑用钢结构防腐涂料》JG/T 224—2007 中的涂料,如果用喷雾形式防腐涂料时由 ALC 板制造商指的喷雾涂刷防腐涂料。采用其他防腐材料需得到业主和监理方同意。

(5) 焊接用的焊条,应采用低碳钢和高强度钢用电渣焊丝以及焊剂。采用其他焊条时需得到业主和监理者方同意。

说明:

承受雨水冲刷的外墙板间的缝隙处,以及外墙板与其他构件的接缝处需要采用嵌缝材料嵌好，本指南提到的填缝材料适用于外墙板之间缝隙处。

选择嵌缝材料时需要考虑嵌缝材料的性能，还需考虑安装方法以及在嵌缝材料表面是否涂抹涂料等指标。ALC 板具有质量轻、隔热性能好的优点，同时也有孔洞较多、吸水性强等缺点。外墙用嵌缝材料的表面一般在其上需涂抹装饰层。

考虑以上要求板缝之间使用的嵌缝材料应为弹性模量小、对涂料黏着性能强、耐久性能强等特点。外墙板缝隙采用的嵌缝材料多采用聚氨酸类材料。聚氨酸类材料抵抗紫外线的能力差，抵抗温度变化能力差，所以不宜暴露在空气中直接使用。

嵌缝材料可按主要成分区分，也可根据形态进行区分，对性能的注意事项见表 4-10。

填缝材料的一般性质、注意事项　　　　　　　　　　　　　表 4-10

填缝材料	复原性能	物理性质的变化		填充后的收缩	使用的温度范围（℃）	耐候	耐疲劳性	注意事项
		材令	温度					
混合型材料	A-C	小-中	小-中	小	−30～90	A-B	A-B	
	B	中	中	小	−20～70	B-C	A-B	
潮湿硬化材料	B-C	小-中	小-中	小	−30～90	A-B	A-B	
	B	中	中-大	小-中	−20～70	B	A	
干燥硬化材料	C	中-大	大	大	−20～50	B-C	C	

进行嵌缝材料施工时，为了提高板与板之间的黏着力以及板表面的强度，在填充前需要对 ALC 板附着面进行底漆处理。采用的底漆种类是根据嵌缝材料和 ALC 板的质量来选择的，由 ALC 板的制造商提供。即使是同一系统的底漆在使用前也需要做试验来验证其质量。不同种类的嵌缝材料尽量不要连接。当需要连接时应认真考虑嵌缝材料的种类、施工顺序、底漆的选择等事项。

当风压、地震力作用在建筑物上，会使建筑物产生变形，为了避免此种变形对 ALC 板的影响，在转角处的接缝处以及短边的接缝处留有 10～20mm 的变形缝。对于有耐火性能的建筑物在变形缝处需要采用防火材料嵌缝。

当外墙板为 ALC 板时不能采用密度太大的嵌缝材料，当嵌缝材料密度太大时影响 ALC 板的吸能效果，此时采用密度为 80kg/m³ 的岩棉嵌缝材料中的 1 号板。陶瓷纤维具有伸缩性并且耐火性能强，施工时对皮肤没有腐蚀作用。除此之外，在板的贯通处等接缝处也需要采用同样的耐火材料填充缝隙。

采用内墙的底脚板安装工法等连接形式时为了提高整体强度以及隔声效果会在板缝间嵌入一些嵌缝材料，采用哪种填缝材料由 ALC 板制造商来提供。例如硅胶类嵌缝材料、水泥嵌缝材料、丙烯树脂嵌缝材料。各材料的使用由监理确认，当采用别的嵌缝材料时也需要监理确认。

由于 ALC 板的切割加工，之前预埋的预埋钢材、补强钢材以及连接件等金属钢材会暴露在空气中需要进行防锈处理。因为这些材料受到锈蚀会影响其耐久性能，所以必须进行处理。

第5章 ALC板及连接设计

5.1 一般项目

关于 ALC 板及连接设计，技术人员参考以下项目内容，进行切合实际的 ALC 板与连接的设计：

(1) ALC 板设计；

(2) 连接设计；

(3) 补强钢材设计；

(4) 特殊条件设计；

(5) 其他设计。

说明：

施工单位进行 ALC 板安装时需要根据设计说明书的内容来确定 ALC 板及连接设计。尤其要注意 (a)~(d) 中的事项。当对设计说明书或设计图样的内容存在异议时需要与设计单位、监理单位进行沟通。

(1) ALC 板的设计

ALC 板的设计包括：一般事项、外墙板的设计、隔墙板的设计、屋面板的设计、楼面板的设计。注意事项如下：

1) 板的最小切割宽度为 300mm。

2) 由设计荷载确定板的长度和宽度。

3) 过大的集中荷载和动力荷载不能直接作用在 ALC 板上。

4) 选择合适的位置开洞口。

5) 选择合适的施工方法并做好防水处理。

6) 不同位置选择适当的 ALC 板。

(2) 连接设计

连接设计包括：一般事项、外墙板与内墙板的连接设计、屋面板以及楼面板的连接设计。注意事项如下：

1) 在框架上设置可以使 ALC 板的板端具有类似于梁端支撑的构件。

2) 需要注意安装处的层高、柱间距等是否在 ALC 板的长度范围内，以及是否需要设置次梁、间柱等结构。

(3) 补强钢材的设计

补强钢材的设计需要注意：开口补强钢材和女儿墙补强钢材。

1) 开口较大时需要考虑补强方法及构件。

2) 如表 5-1 所示，当 ALC 板的加工范围超过了所示的范围时需要进行钢材补强设计。

板材的加工范围

表 5-1

内外墙板加工范围		屋面及楼面板加工范围
开槽	每块板材允许开一道槽，且槽宽 30mm 以下，槽深 10mm 以下 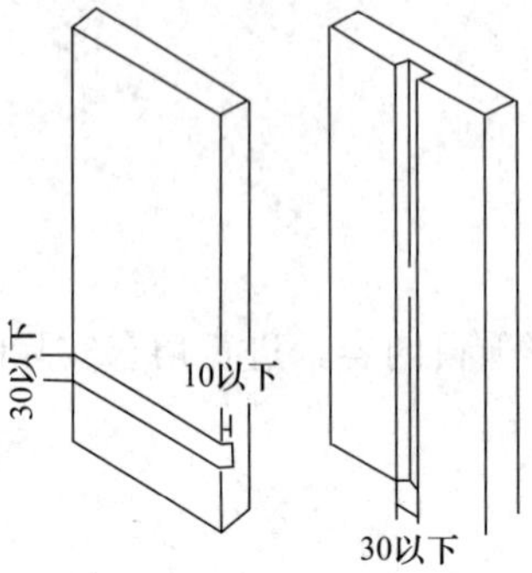	不可
开孔	直径为板宽的 1/6 以下 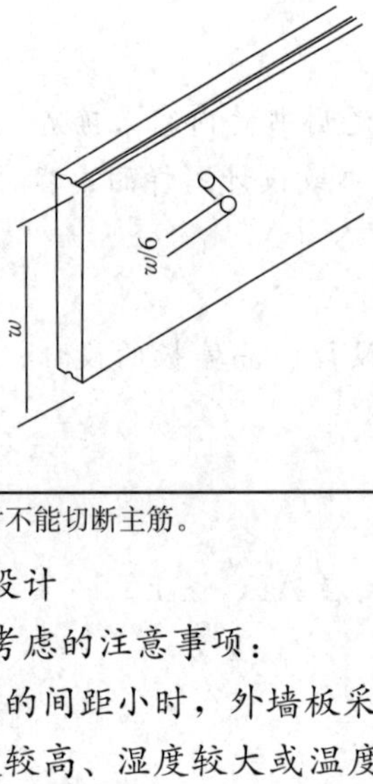	直径在 50mm 以下 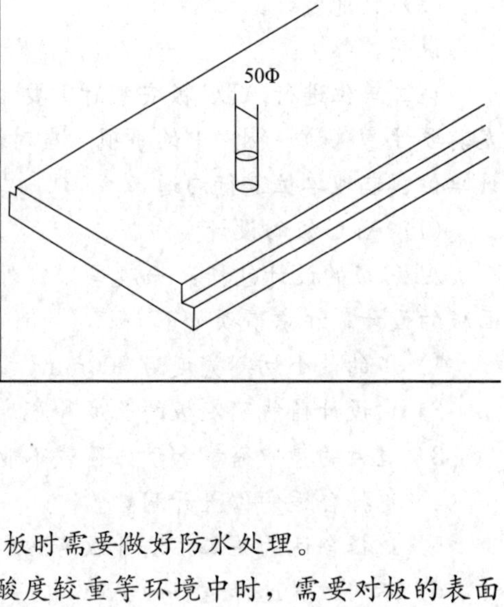

注：ALC 板在加工时不能切断主筋。

（4）特殊条件设计

特殊条件下需考虑的注意事项：

1）楼与楼之间的间距小时，外墙板采用 ALC 板时需要做好防水处理。

2）当处于温度较高、湿度较大或温度较低、酸度较重等环境中时，需要对板的表面做特殊处理。

（5）其他设计

与其他构件连接时需要考虑连接方法、连接件的材料、连接构造等，特殊情况下还需要考虑施工方案。

5.2 板的设计

5.2.1 通用事项

关于 ALC 板设计，技术人员参考以下项目内容，进行切合实际的 ALC 板的设计：

（1）ALC 板切割及开洞部分的设计，应考虑建筑标准模数尺寸（600mm 或 300mm）；

（2）ALC 板的长度应在最大制作长度范围内；

（3）ALC 板的支撑方式可以考虑成两端支承的结构；

（4）在直接受较大的集中荷载及冲击力作用时 ALC 板不能损坏；

（5）在 ALC 板上不能有减弱板强度的沟槽、孔洞；

（6）室外及易吸水受潮的地方使用 ALC 板时，应对 ALC 板及连接部位进行有效的防水防潮处理；

（7）在有抹灰等连接部位，根据每种连接工法进行适当的收口处理。

说明：

板的切割，板的标准模数为 600mm，宽度为 600mm 为最佳宽度。窗口、门洞处的 ALC 板也需要满足 ALC 板的标准模数。

ALC 板的切割宽度可以小于 600mm，但是不得小于 300mm，在此范围内以 10mm 为模数进行生产。

（1）板的长度参考第 4 章的规定，板厚由设计荷载确定。

（2）板的支承为与梁端相似的简支结构，但是除楼板外其他板的支撑情况相同。

（3）ALC 板具有质量轻、孔洞多、强度低的特点，与普通混凝土相比更容易损坏，当过大的集中荷载或动力荷载直接作用在 ALC 板上，凹痕处和冲切部位容易发生局部破坏。当需要承担较大重量时需要设置分散重量的装置，不允许直接作用在 ALC 板上。

（4）不允许在板上进行开口、开洞、切角等施工，但需要加工时宜按表 5-1 处理，采用必要的专用安装金属连接件以及开口补强钢材进行 ALC 板补强。ALC 板必要的加工如下：

1）为了连接防水材料的末端以及檐口处，ALC 板必须开凹槽；

2）为了进行水、暖、电的施工，ALC 外墙板和内墙板必须开口；

3）为了使外墙板以及内墙板与梁的连接贯通，需要将 ALC 板的角边割掉；

4）为了满足屋面板排水需要，将 ALC 板的角边割掉；

5）为了使楼面板与柱子贯通，将 ALC 板的角边割掉。

（5）ALC 板为多孔材料，吸水性能强，所以一般不用于地面以下基础部分。当 ALC 板用于外墙壁或浴室等潮湿部位时，需要做好防水处理。对于板缝以及板与其他构件的连接处容易漏水，所以要做好防水处理。

（6）外墙、内墙板根据安装方法不同，其与框架协同变形的方式也不同。因此，需要考虑制作 ALC 板的材料以及安装方法之间的关系。

5.2.2 外墙 ALC 板设计

关于外墙 ALC 板设计，技术人员参考以下项目内容，进行切合实际的外墙 ALC 板设计。

（1）ALC 板的厚度及长度；

（2）设计荷载的计算；

（3）变形缝的设计；

（4）ALC 板的支撑方法；

（5）ALC 板的安装。

说明：

（1）ALC板的厚度以及长度

外墙板的最大长度为第 4 章材料中表 4-2 所给出的最大支点距离＋最大伸出长度，支点距离由设计荷载确定。ALC板的伸出长度≤6 倍的板厚。因此，板的厚度以及长度需要在已知设计荷载的条件下才能求得给出。创意板和平板相比有效厚度较小。

（2）设计荷载的计算

设计人员根据第 2 章中的 2.3 的规定取值进行计算。

（3）变形缝的设置

为了防止地震对 ALC 板的损伤，板与板之间、板与框架之间、与其他构件之间需要设置变形缝。图 5-1 是外墙板的纵向变形缝以及一般接缝示意图。

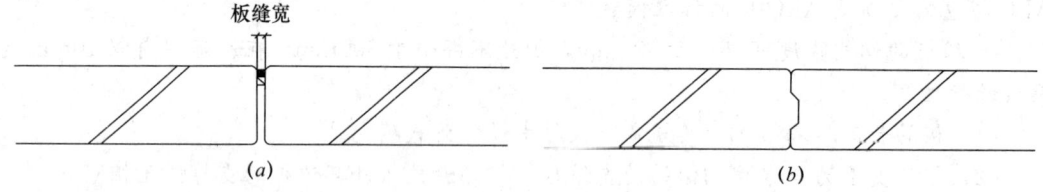

图 5-1　变形缝
（a）伸缩缝；（b）一般缝

1）板间变形缝

ALC 板转角处以及 ALC 板横向安装时的纵向接缝处需要设置 10～20mm 的变形缝。建筑高度不同，需要设置 10～20mm 的变形缝。

当建筑物的长度大于 30m，考虑钢框架的温度变形以及基础沉降变形对建筑物的影响时，需要设置 10～20mm 的变形缝。

ALC 板竖向连接时，横向的变形缝宽度为 10mm，转动连接安装工法时变形缝的宽度为 20mm。横向螺栓固定安装工法中为了将 ALC 板的重量不传递给下一层的 ALC 板。规范中规定，每 5 块 ALC 板设一条横向变形缝，将 ALC 板的承重支承设置在变形缝处。

不同连接构造情况下的变形缝的设置位置，如图 5-2 所示。

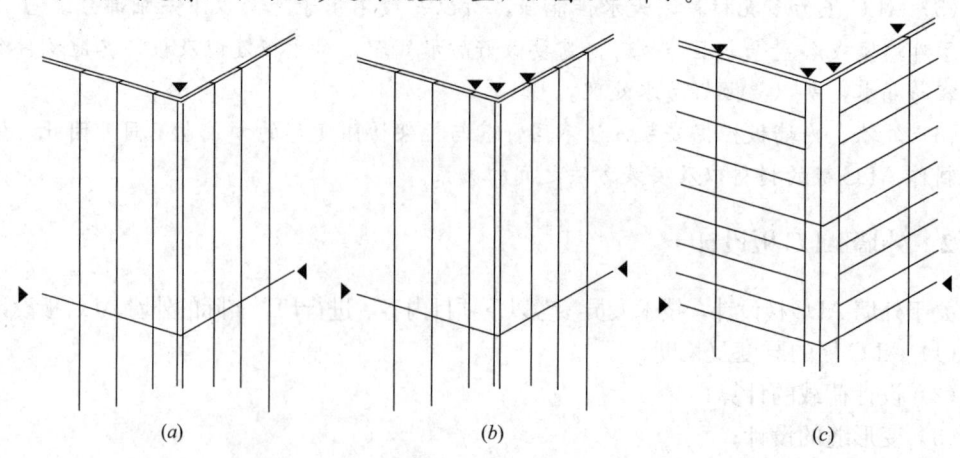

图 5-2　各安装工法中变形缝所在位置
（a）转动连接安装工法；（b）滑动连接安装工法；（c）螺栓固定安装工法

2）框架各构件之间的连接以及与其他构件连接时变形缝的设置

ALC 板与框架各部分之间以及与其他各构件之间的连接处也需要设置变形缝，宽度为 10～20mm。

3）变形缝处的防火处理

当要求建筑物的防火性能时，根据第 4 章规定的材料进行变形缝的填充，为了避免对 ALC 板造成损害，宜采用水泥砂浆填实。

（4）ALC 板的支承方法

理论上，板的支承方法采用与梁相似的简支结构。板的悬挑长度小于 6 倍板厚时，采用图 5-3 所示的支承方法；板的悬挑长度大于 6 倍板厚时，采用 5.4.2 中所示的加强型支承方法。无论 ALC 板横放还是竖放，在 ALC 板的下面连接处均设置补强钢材支承 ALC 板。

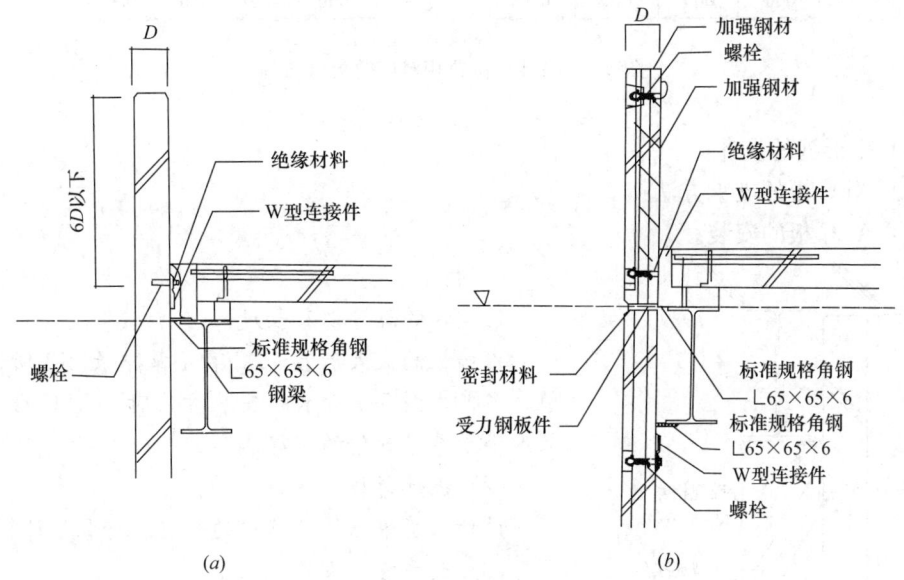

图 5-3　纵向连接外墙（女儿墙安装示例）
(a) 将现有板材伸出进行施工的情况；(b) 安装时使用另外的板材时

（5）板的切割

板的切割宽度标准为 600mm，开口位置需要一定的设计，个别部位需要其他尺寸 ALC 板时，ALC 板的切割最小宽度为 300mm，在这个范围内以 10mm 为模数进行生产。例如图 5-4 所示情况下，应该采用宽度为 450mm 的 ALC 板。在对 ALC 板进行切割时应尽量避免对 ALC 板的强度造成影响。

当框架设有膨胀式的连接时，在切割 ALC 板时需要考虑。

5.2.3　内墙 ALC 板设计

关于内墙 ALC 板设计，技术人员参考以下项目内容，进行切合实际的内墙 ALC 板的设计。安装工法采用 3.2 节讲述的安装方法，ALC 板材质采用 4.1 节讲述的 ALC 板。

（1）ALC 板的厚度及长度。

（2）设计荷载。

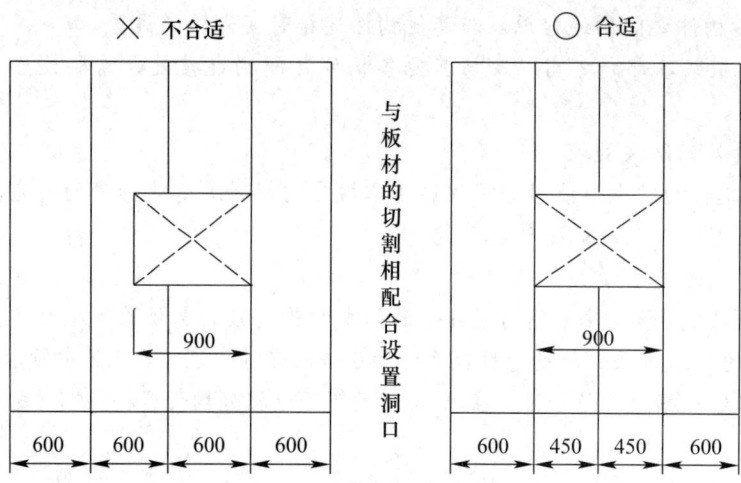

图 5-4　与开口位置相对应的板材切割

（3）变形缝的设计。

（4）ALC 板的支承方法。

（5）ALC 板的安装。

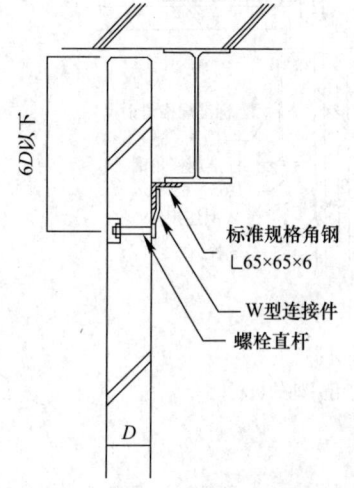

图 5-5　外挂式 ALC 板内墙悬挑长度

说明：

（1）板的厚度以及长度

内墙板的最大长度采用第 4 章中表 4-3 所述的数值。当采用图 5-5 所示的安装方法时，ALC 板的悬挑长度小于等于 6 倍的板厚。

（2）设计荷载

设计人员根据第 2 章中的规定进行取值计算。

（3）变形缝的设置

内墙的安装方法见第 3 章安装构造工法中的表 3-2。其中转动连接安装工法、滑动连接安装工法以及螺栓固定安装工法的变形缝设置参照 5.2.2。

1）板间变形缝

ALC 板的转角处的纵向变形缝宽度为 20mm。

2）框架各构件之间的连接以及与其他构件连接变形缝的设置

ALC 板与框架各部分之间以及与其他各构件之间的连接位置也需要设置变形缝，宽度为 10～20mm。ALC 板与梁的连接处设置 20mm 的缝隙，便于调整施工变形或施工误差。

3）变形缝处的防火处理

当建筑物有防火性能要求时，需要采用第 4 章规定的材料进行变形缝的填充，为了避免对 ALC 板造成损害，宜采用水泥砂浆填实。

（4）板的支承方式

理论上，板的支承方式与梁的支承相似为简支支承。板的悬挑长度小于 6 倍板厚时，采用图 5-5 所示的支承方法。

虽然防火不属于 ALC 板的安装工作范畴，但在安装 ALC 板时，需要对板上部支承处的连接钢材进行防火处理，内墙滑道处也需要进行防火处理，面板与内墙滑道等有缝隙的地方也需要防火处理。因此，为了不影响防火性能，可采用图 5-6 所示的防火施工处理方法。

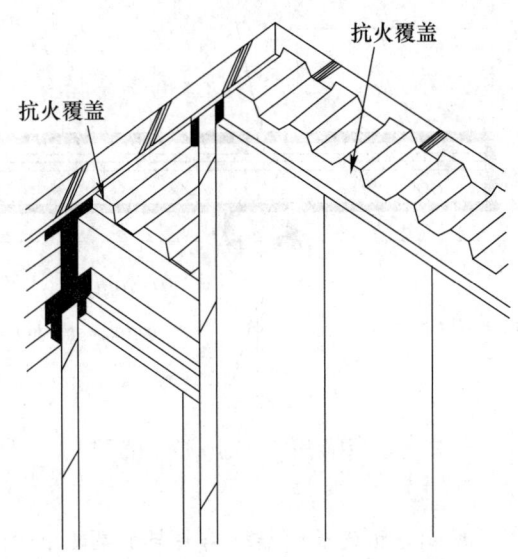

图 5-6　ALC 板上部与结构连接防火处理

（5）板的切割

板的切割宽度标准为 600mm，开口位置需要一定的设计，个别部位需要其他尺寸的 ALC 板。此时，ALC 板的最小宽度为 300mm，在这个范围内以 10mm 为模数进行生产。为了防止切割时对 ALC 板造成影响，按图 5-4 进行施工。

5.2.4　屋面 ALC 板设计

关于屋面 ALC 板设计，技术人员参考以下项目内容，进行切合实际的屋面 ALC 板的设计。安装工法采用根据 3.3 节讲述的安装方法，屋面 ALC 板采用 4.1 节讲述的 ALC 板。

（1）ALC 板的厚度及长度。

（2）设计荷载。

（3）ALC 板的支承方法。

（4）ALC 板的安装。

说明：

屋面板的最大长度参考第 4 章表 4-2 给出的 ALC 板最大支点距离＋ALC 板最大悬挑长度。ALC 板支点距离由 ALC 板的设计荷载来确定。板的悬挑长度小于 3 倍板厚。因此，板的厚度及长度均与 ALC 板的设计荷载有关。

（1）设计荷载的计算

设计人员根据第 2 章中的 2.3 的规定取值进行计算。注：地震等外力荷载作用时产生的面内剪力由屋面板以外的其他构造来承担。

（2）板的支承方法

理论上，板的支承方法与梁的支承相似，假定为简支支承。板的悬挑长度小于 3 倍板厚度时，采用图 5-7 所示的支承方法。

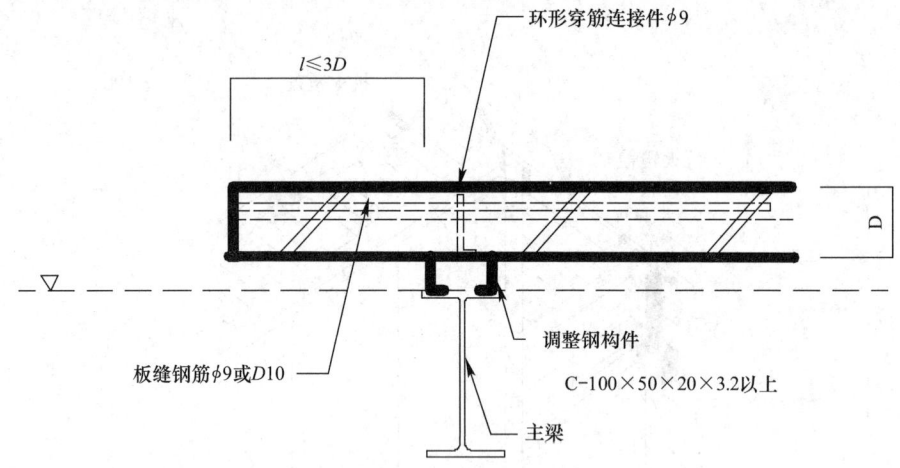

图 5-7　屋面用 ALC 板的悬挑范围

（3）ALC 板的安装

ALC 板的安装如图 5-8 所示，板的长边接缝需要与主梁的中心线重合，可以避免梁端发生变形对 ALC 板的影响。

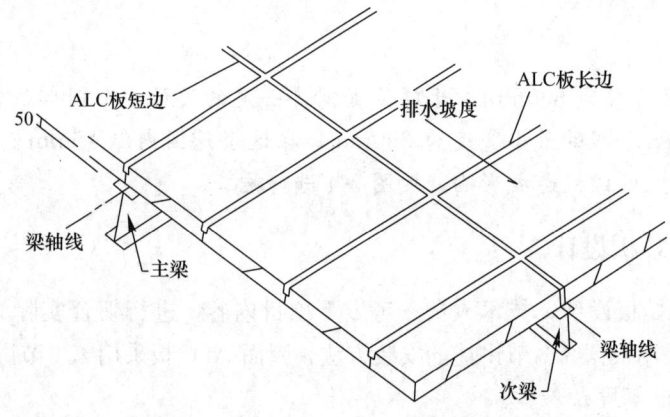

图 5-8　屋面用 ALC 板的分块铺设实例

ALC 板的铺设应长边垂直于排水沟的方向，板向下挠度不应阻止水自然流淌。

5.2.5　ALC 楼板设计

关于 ALC 楼板设计，技术人员应参考以下内容，进行切合实际的 ALC 楼板设计。安装工法采用 3.4 节讲述的安装方法，ALC 板采用 4.1 节讲述的 ALC 板。

（1）ALC 板的厚度及长度。

（2）设计荷载。

（3）ALC 板的支承方法。

（4）ALC 板的安装。

说明：

（1）屋面板的最大长度参考第 4 章表 4.2 给出的 ALC 板最大支点距离＋加上 ALC 板最大悬挑长度。ALC 板支点距离由 ALC 板的设计荷载确定。楼面板不宜做悬挑施工。

同样厚度的 ALC 板由于主筋铺设分布不同其耐火性能有所不同，分为 1h 耐火板和 2h 耐火板，使用时需区分开。

（2）设计荷载的计算

设计人员根据第 2 章中的 2.3 节的规定取值进行计算。注：地震等外荷载作用时产生的面内剪力由屋面板以外的其他构件承担。当建筑物的用途发生改变时，荷载增大时采用增大后的荷载进行计算。

（3）板的支承方法

板的支撑方法原则上与梁的支撑相似为简支支撑。楼面板与屋面板不同时不做悬挑处理。

（4）ALC 板的安装

板的安装如图 5-9 所示，ALC 板的长边与主梁的中心重合，避免梁端发生变形对 ALC 板的影响。楼面板上需要设置洞口时，采用 300～600mm 的 ALC 板。

柱周围楼面板参照图 5-9 进行设计施工。切割后的部位需要设置支承 ALC 板的钢材，钢材的安装方法如图 5-24 所示。

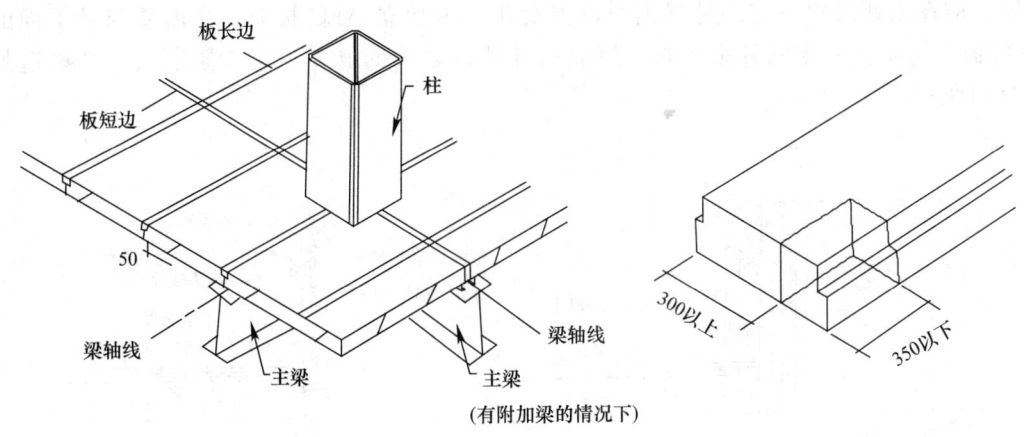

图 5-9　楼面用 ALC 板的切割实例

5.2.6　ALC 板外墙与屋面、楼面板的连接部位构造

（1）外墙板与屋面板的连接

1）转动连接安装工法

当采用转动连接安装 ALC 外墙板时，ALC 板与屋面连接处需要设置缝隙，ALC 板与 ALC 板之间也需要设置缝隙，这些缝隙的作用是为了能适应框架的变形。当采用砂浆填缝时砂浆不能影响摇摆构造安装工法的工作机理。为了防止转动连接安装工法的工作机理受到影响，在 ALC 板下部，ALC 板的内侧设置拉伸绝缘物质。这种绝缘物质经常采用工艺胶带。当女儿墙为两层时，按图 5-10 设计施工。

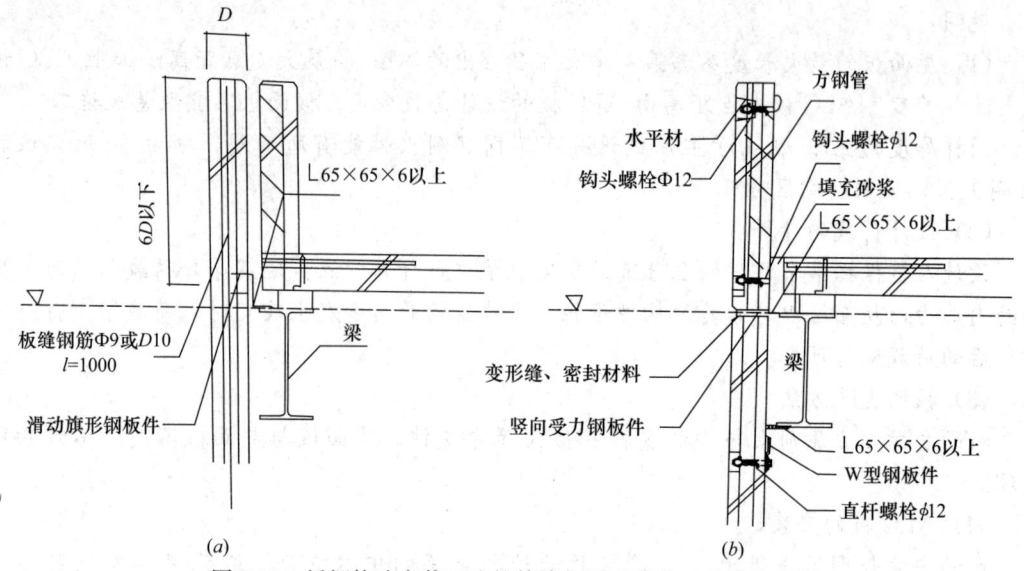

图 5-10　摇摆构造安装工法的外墙与屋面安装工法构造实例

(a) 二重女儿墙的情况；(b) 独立女儿墙的情况

2) 滑动连接安装工法

滑动连接安装工法与转动连接安装工法相比具有更大的适应变形能力。当女儿墙为两层时，应在该处设置一定的补强钢材，当女儿墙为独立 ALC 板时，也需要与其下面的 ALC 板之间设置一定的补强钢材。屋面与外墙板之间的缝隙采用砂浆嵌实，其构造如图 5-11所示。

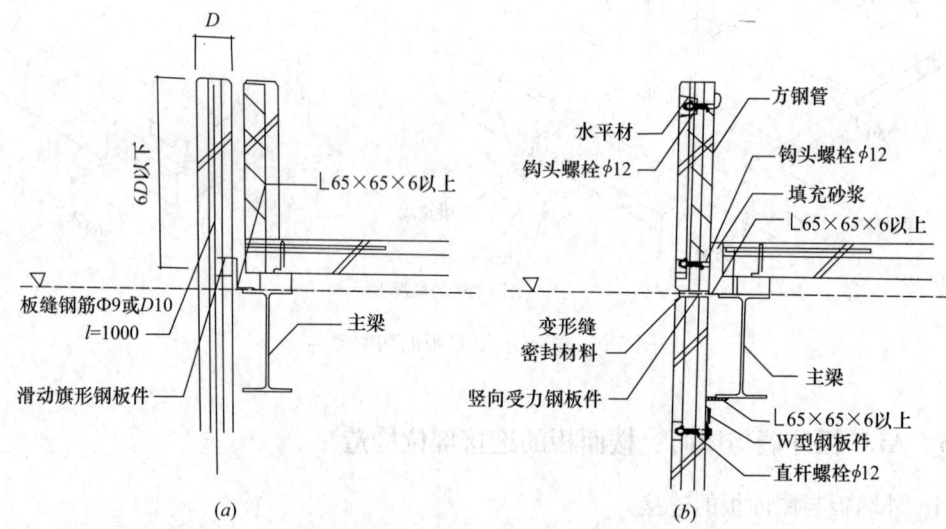

图 5-11　滑动构造安装工法的外墙与屋面安装工法构造实例

(a) 二层女儿墙的情况；(b) 独立女儿墙的情况

(2) 外墙板与楼面板的连接

1) 当采用转动连接安装工法安装 ALC 外墙板时，ALC 板与楼面连接处需要设置一定的缝隙，ALC 板与 ALC 板之间也需要设置一定的缝隙，这些缝隙的作用是为了能适应框架的变形。当采用砂浆填缝时，砂浆不能影响转动连接安装工法的工作机理。

为了防止转动连接安装工法的工作机理受到影响，需在 ALC 板的下部位置、ALC 板的内侧设置拉伸绝缘物质。这种绝缘物质经常采用工艺胶带，如图 5-12 所示。

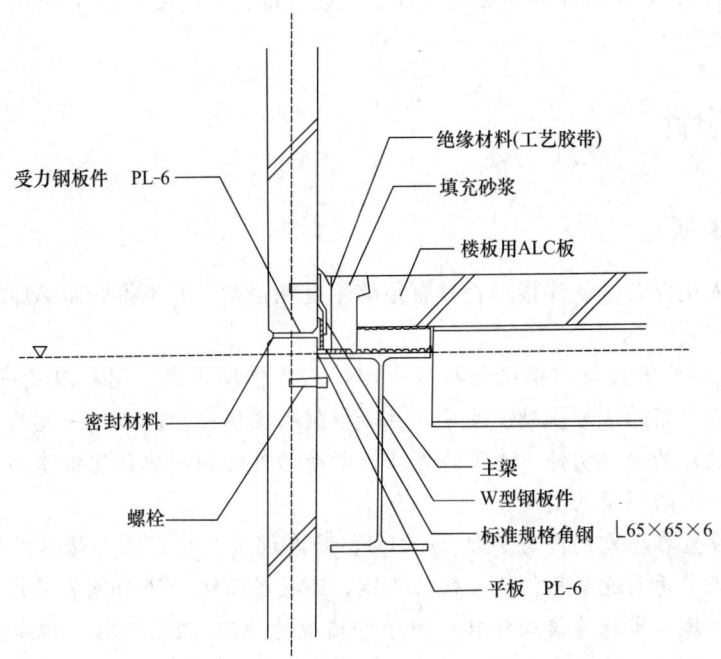

图 5-12　转动连接安装法的外墙与楼面安装工法构造实例

2）滑动连接安装工法

采用滑动连接安装的外墙板，当框架发生变形时，外墙板下部与楼面板不会发生相对位移。楼面板与外墙板之间间隙处的砂浆填充，如图 5-13 所示。

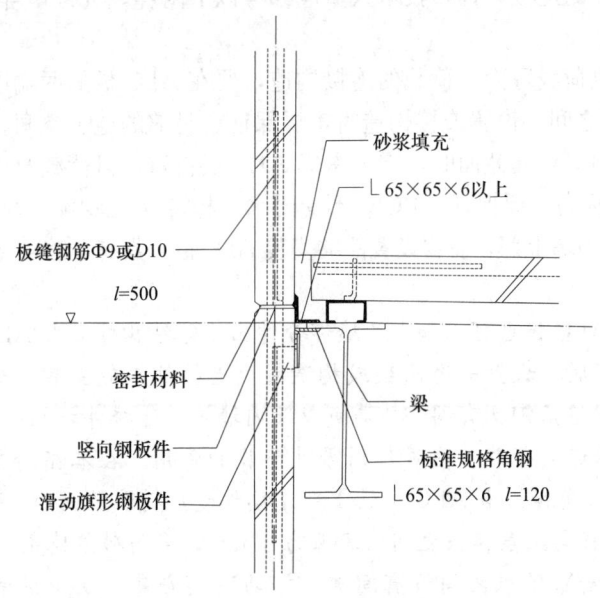

图 5-13　滑动连接安装工法的外墙与楼面安装工法构造实例

5.2.7　ALC 外墙与屋面、楼板之间连接部位相关尺寸配合

技术人员对 ALC 板外墙与屋面及楼板之间连接部分，需要按照外墙 ALC 板的安装工法确认相关尺寸。

5.3　连接设计

5.3.1　通用事项

施工技术人员需要确认连接是否具有足够刚度和强度，并不得妨碍 ALC 板的安装。

说明：

为了将 ALC 外墙板与钢框架连接在一起，需要借助次梁、间柱以及一些连接构件。受力构件主要为框架的底部基础、主梁、柱等框架的主体构件，以及一些为了连接外墙板或内隔墙板而设计的连接构件。为了将外墙板所受的外力顺利地传递给受力构件，这些连接构件需要有一定的强度及刚度。

连接构件设置在承重构件与 ALC 板之间，具有调节尺寸误差和传递外墙板荷载的作用。连接外墙板采用的连接构件为规格的角钢，连接屋面板与楼面板采用的连接构件为垫板。其中，采用规格角钢连接构件只适用于外墙板为 ALC 板的连接，但是屋面板及楼面板连接所采用的垫板，可以在其他钢框架结构的连接构造中使用。

除了连接钢材外，在洞口处，内墙的滑道等处需要补强钢材。ALC 板的专用连接件（如平板、螺栓等）只适用于 ALC 板的连接。

5.3.2　ALC 外墙和内墙的连接设计

关于外墙和内墙的连接设计，技术人员应参考以下内容，进行切合实际的外墙和内墙连接设计。

（1）对于承受风荷载等面外荷载的连接构造，要在 ALC 板的两端进行支承设置。

（2）在 ALC 板之间，设置连接构造时，要保证有足够的施工空间。

（3）在确定中间梁和柱截面时，需要考虑 ALC 板自重、风荷载及地震荷载等作用。

（4）ALC 板下标高，要保证 ALC 板不受雨水、积雪等的影响。

（5）在 ALC 板内墙上部，需要设置能够安装 ALC 板、具有足够刚度和强度的梁或板。

说明：

（1）根据需要 ALC 板也可以如女儿墙部分伸出主体结构外。当 ALC 板的长度小于楼层高度或小于柱间距时，设置一道次梁或构造柱。连接件一般安装在如图 5-14 所示的角钢等连接构件上。规格角钢具有调节外墙板以及内墙板与连接件之间距离的作用，还有调整板面的精度以及传递风荷载、地震作用等外荷载的作用。在本指南中采用图 5-14 所示等边 L 65×65×6mm 角钢，当 ALC 板的上部连接件受风荷载作用时，连接件将外力传递给框架。下层 ALC 板与上层楼板之间的间隙为 30mm，采用砂浆填充。

（2）受力构件和 ALC 板之间设有间隙，转动连接安装工法中该间隙为 30～35mm，滑动连接安装工法中该间隙为 2mm。螺栓固定连接安装工法中，柱与 ALC 板内侧的间隙

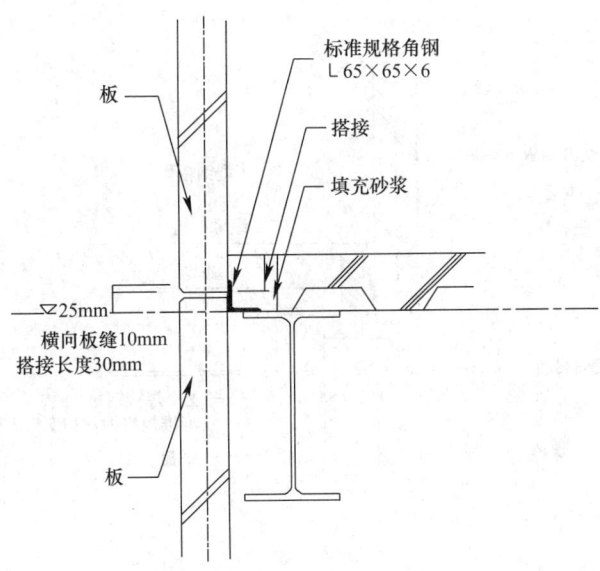

图 5-14　外墙板在角钢上的搭接长度

≥70mm，与间柱之间的间隙为 25mm。另外，其他连接钢材具有调节施工误差的作用，构造如图 5-15 所示。

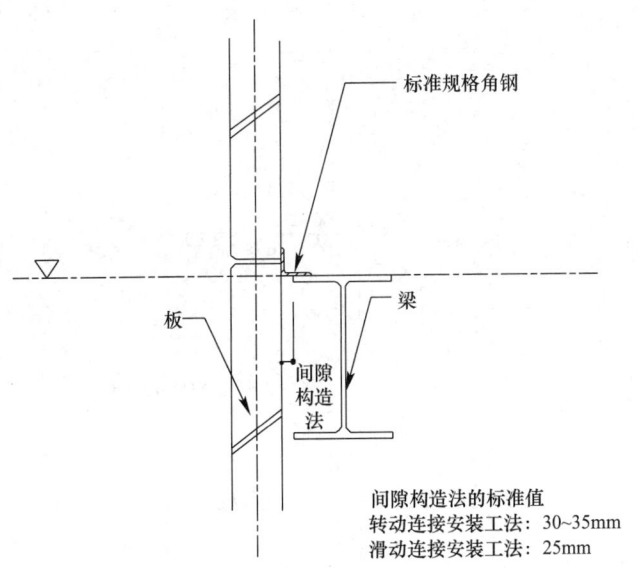

图 5-15　梁与 ALC 板外墙板之间设置的间隙

　　采用规格角钢，由于与梁连接的强度小，连接长度应大于角钢宽度的一半；当梁与柱的中心重合时，梁与外墙板之间的间隙较大，需要采用悬挑一段角钢将梁端补全，构造如图 5-16 所示。内墙板连接，需要在滑道与 ALC 板之间设置一定的间隙，宽度为 20mm，其构造如图 5-17 所示。

　　（3）楼层间梁的截面尺寸根据外力确定。当梁承重过大，由竖向荷载引起的梁端转角很大，有时会对 ALC 板造成损坏。在计算层间梁尺寸时 ALC 板的质量为 650kg/m³，还

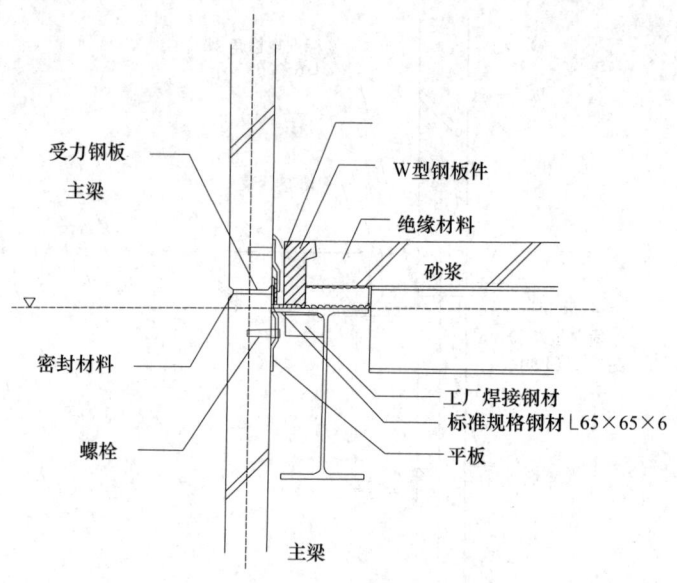

图 5-16　梁与外墙用 ALC 板间隙较大情况下的实例

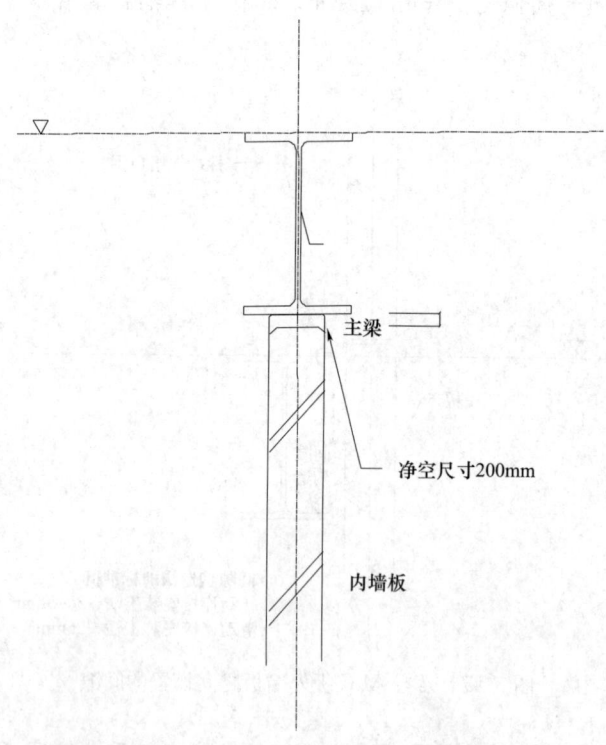

图 5-17　梁与内墙用 ALC 板的间隙尺寸

需考虑上部荷载以及梁的自重。层间梁竖向挠度要小于 10mm。为了限定层间梁的挠度需要选择合适的角钢以及在适当的距离设置该梁。计算间柱的尺寸，也需要考虑 ALC 板的自重，风荷载等外荷载。

（4）ALC 板的孔洞较多，所以在多雨、潮湿等环境条件下 ALC 板的强度以及保温隔热性能均会降低。在此类环境下需要对 ALC 板做一定的保护处理。所以，ALC 板外墙一般在距地基基础 300mm 以上处使用。当在有积雪环境时使用需要考虑实际情况。

（5）滑动形式槽型钢板 ALC 内墙连接楼板连接构造形式如图 5-18 所示，由于 ALC 屋面板下有承重钢梁翼缘突出部位，若将滑道直接安装在该处刚度较小，不宜使用该构造连接形式。此时，应在 ALC 板的内侧进行后续施工，将滑道固定锚固在 ALC 屋面板上或采用其他具有一定刚度的次梁来固定滑道。同理在该截面处的屋面板也需要设计验算。

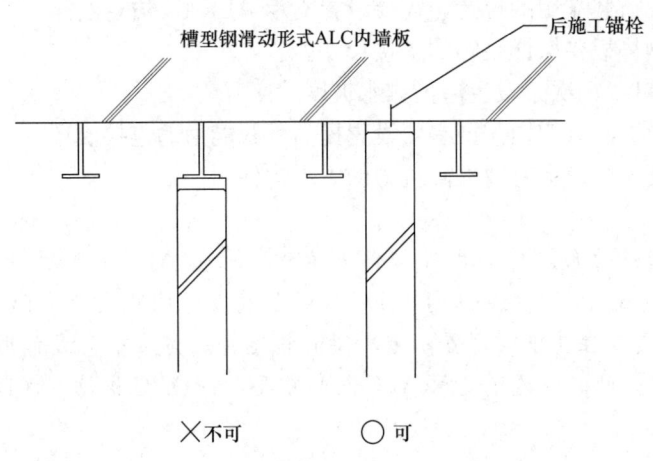

图 5-18　滑动形式槽型钢板 ALC 内墙连接楼板构造实例

当内墙板的下部与 ALC 楼面板连接时，由于楼面板不能直接承受过大的集中荷载以及动力荷载，需要在内墙板的下面设置一道受力的次梁，如图 5-19 所示。

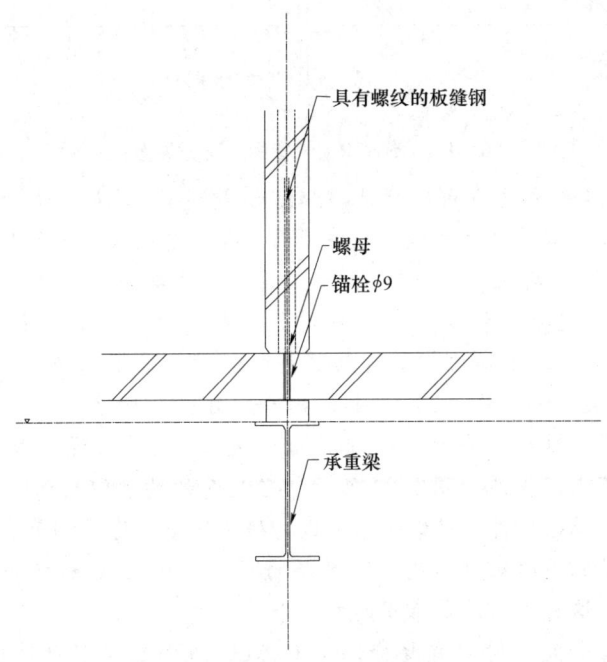

图 5-19　内墙板正下方设置的承重梁

5.3.3　ALC屋面和楼板的连接设计

关于屋面和楼板的连接设计，技术人员应参考以下内容，结合实际进行屋面和楼板的连接设计。

（1）在屋面和楼板的连接构造设计时，需要确认ALC板不承担面内剪力，并且具有足够的面内刚度和强度。

（2）为了确保ALC板两端支承，可设置连接次梁。

（3）在受集中荷载作用的位置，需要设置支承ALC板的次梁。

（4）小梁及钢垫板要保证足够的搭接尺寸。

（5）用连接ALC的次梁设置屋面排水坡度。

（6）在屋面设置洞口四周需要有效设置提高承载能力的连接次梁。

（7）柱的周围需要设置有效提高抗力的支承构件。

说明：

屋面板、楼面板的面内剪力由连接件来承担。承受ALC板竖向荷载的连接构造为ALC板两端设置的次梁。当层高大于ALC板的长度或柱间距大于ALC板的长度时，为了安装ALC板，需要在其中间设置承重次梁和构造柱。当集中荷载作用在屋面上，需要设置一道承重次梁。此时，为了支承ALC板的需要，将ALC板切割成适当尺寸，其构造如图5-20所示。

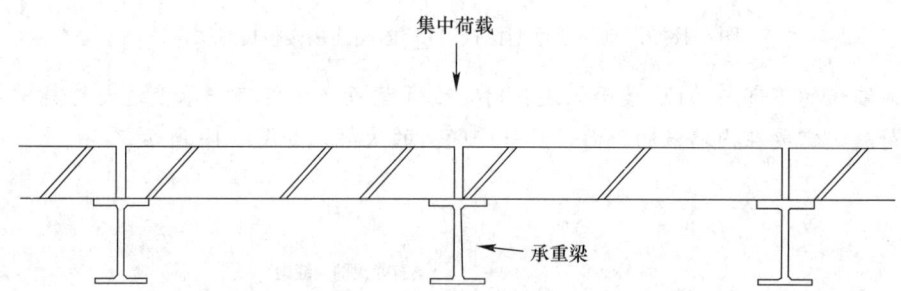

图5-20　集中荷载作用位置的正下方设置承重梁

设计承重ALC板的次梁截面尺寸时，ALC板质量为650kg/m³，并考虑各种荷载作用下确定截面尺寸，根据计算结果选择构件截面。在考虑施工误差的基础上，连接构件截面尺寸应大于1/75的支点距离，约为40mm。因此，支撑屋面板以及楼面板的垫板宽度应大于100mm。为了避免螺栓等突出构件对连接构造的影响，应设置垫板。为了确保ALC板与支撑面的平滑，必须把握好连接宽度。此时，采用的垫板一般为槽钢 ［ 100×50×20×3.2，在主梁向上垫高50mm，具体构造如图5-21所示。

屋面的支承次梁与排水沟平行设置，与ALC板长边垂直设置。由于ALC板转动所以水会顺着排水沟流下来，构造如图5-22所示。当屋面的坡度较大时，每5～8块ALC板需要设置一个防滑金属连接件。屋面板需要进行砂浆抹平，为了调节涂抹的不均匀需要设置排水沟。由于砂浆的硬化有可能造成防水层的断裂以及ALC板的角部出现裂缝。在阁楼以及排水管处设置这种排水沟是常用的处理手段。

当屋面有排气口或天窗时，需要验证支承ALC板的次梁强度等性能，如图5-23所示。框架柱四周，ALC板之间的连接处均需要设置支承连接钢材，构造如图5-24所示。

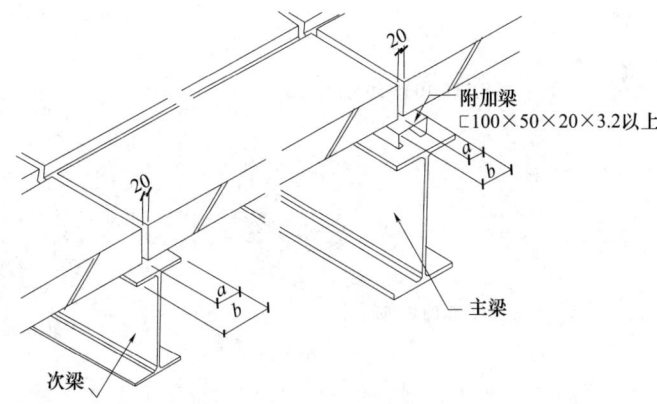

图 5-21　板材的连接宽度

注：*a*—ALC 板在附加梁上的搭接长度；*b*—1）在主梁上指的是附加梁搭接在主梁上的长度；
　　2）在次梁上指的是工字型梁上翼缘板的宽度

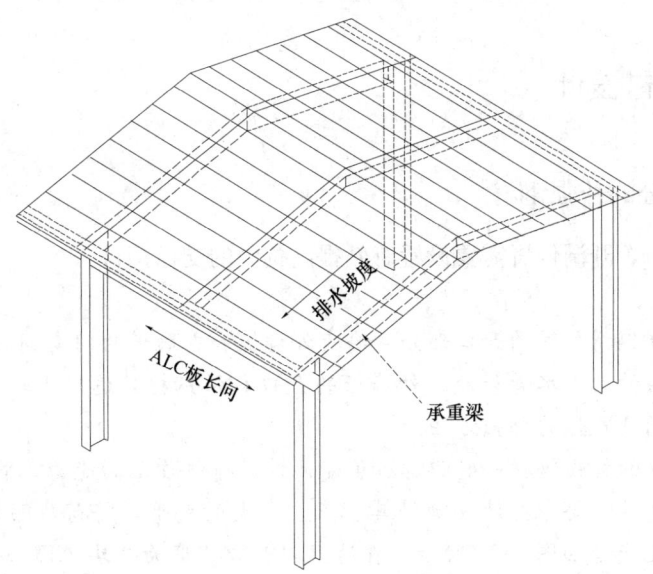

图 5-22　设置排水沟时需要设置与板的铺设方向相垂直的斜梁

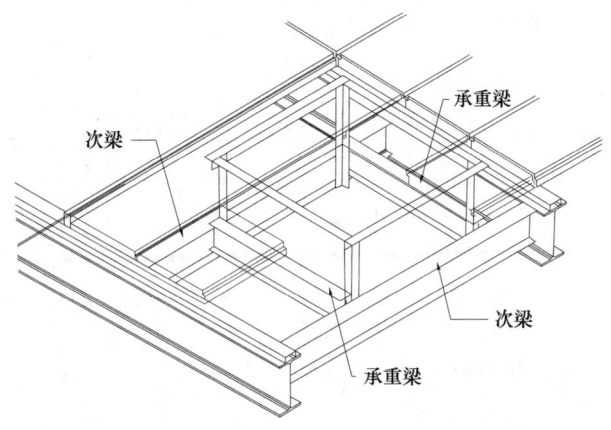

图 5-23　屋顶开洞情况下实例

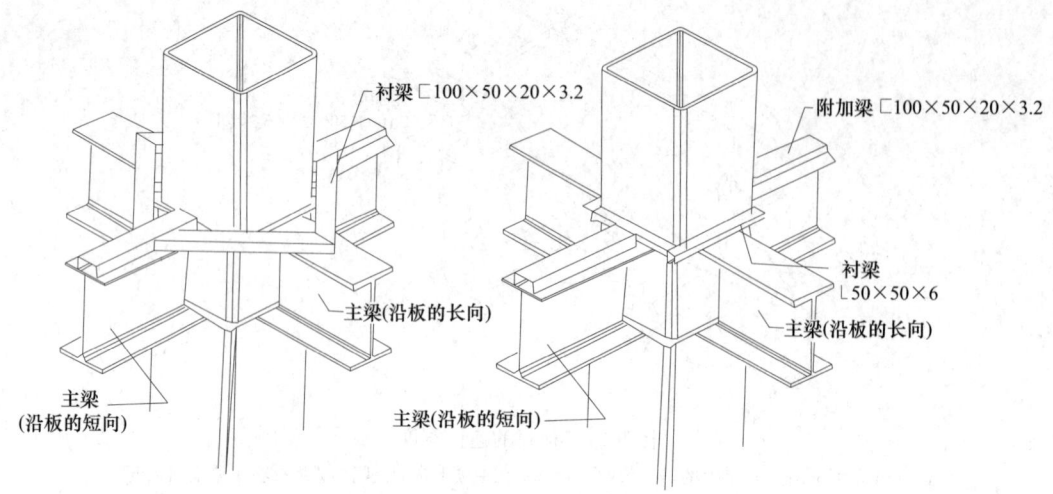

图 5-24　柱周围部分钢材安装实例

5.4　补强钢材设计

5.4.1　开洞部分的补强钢材

窗户及出入口等开洞位置需要设置有效提高抗力的支撑钢材。

说明：

需要进行补强钢材加固的开口部分主要有外墙板和内墙板的门窗洞口，还有为了设备等开的洞口，楼层的上下水管等处。外墙板的开口补强钢材只适用于转动连接安装工法。下面介绍外墙板的开口处的补强方法。

外墙板开口处的补强钢材一般都具有承受面外风荷载作用的能力，同时将该荷载传递给框架。这部分构件需要根据计算确保其不产生过大的变形，将荷载顺利地传递给框架。各构件的力学简化模型如图 5-25 所示。在这里以开口宽度为 3 块 ALC 板的宽度为例进行计算方法介绍（具体计算过程见附录 2）。

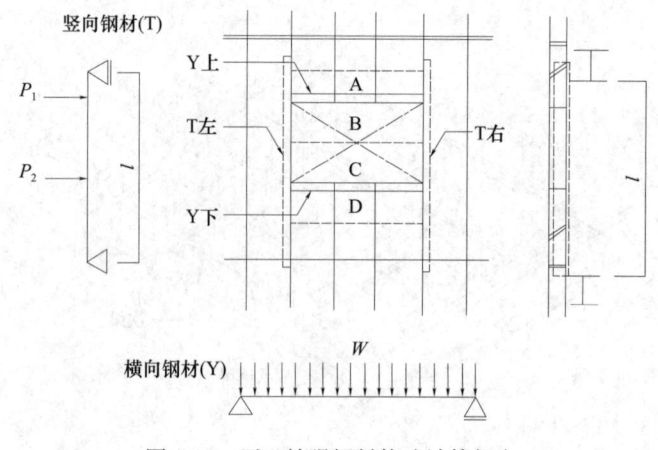

图 5-25　开口补强钢材构造计算假定

（1）开口补强钢材的上部横向钢材荷载计算

上部的补强钢材由左右补强钢材支撑，将开口分为两部分，一部分为 B，另一部分为 C，将荷载简化成均布荷载。当开口处的尺寸较大时需要考虑竖向荷载的影响。

（2）开口补强钢材的下部横向荷载计算

下部与上部计算过程相同。

（3）左右补强钢材的计算

上下端在框架上简支的开口补强钢材，开口补强上部横向钢材（Y 上）和开口补强下部横向钢材承担的荷载，分别以集中荷载的形式进行开口补强钢材的计算。部分补强钢材由框架支撑，承受开口上部荷载以及下部荷载，简化为集中荷载。

横向、纵向补强钢材均简化成两端简支，挠度限值为 1/200。上下端在框架上简支的开口补强钢材，开口补强上部钢材（Y 上）和开口补强下部钢材承担的荷载，分别以集中荷载的形式进行开口补强钢材计算。例如当外墙板的厚度为 100mm 时，在考虑嵌入材料的情况下能够选取的角钢的最大尺寸为 L 75，不允许采用 L 90 的角钢。此时还需采用方钢管等构件在内侧进行补强。开口补强钢材的计算实例见附录 2。

联排窗及排烟窗的跨度很大，使用角钢多数情况下不能满足强度要求，此时参照图 5-26、图 5-27，在某层中间设置过梁，即在框架柱间设置间柱，通过间柱来传递荷载。

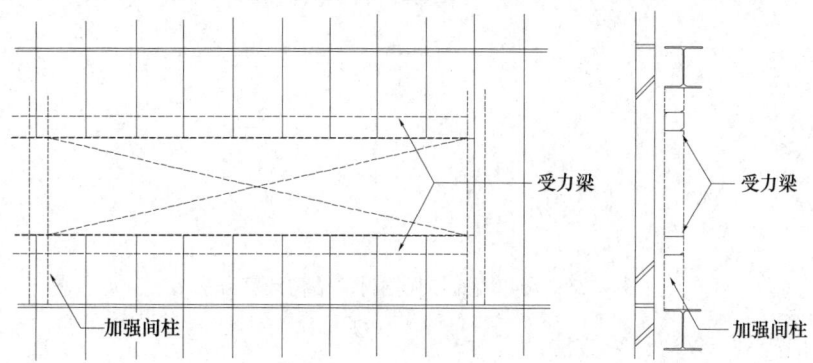

图 5-26　联排窗开口补强钢材的配置实例

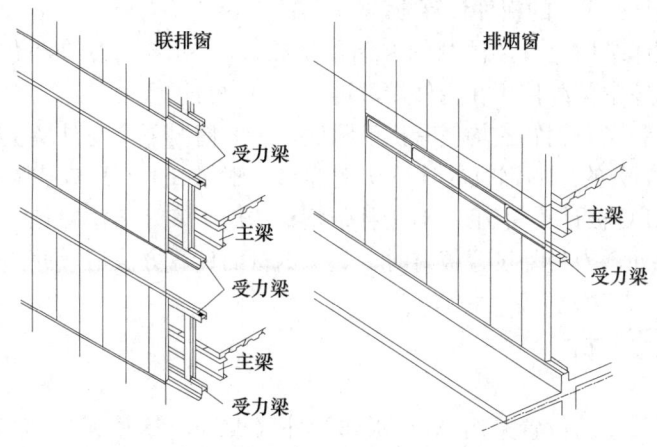

图 5-27　联排窗及排烟窗的地下部分实例

屋面、楼面开口时，考虑 ALC 板自重、装饰荷载、堆积荷载、雪荷载等竖向荷载共同作用下来设计补强钢材。

5.4.2　女儿墙部分的补强钢材

对女儿墙等部位进行补强设计时，应注意补强钢材在承载力方面，应使 ALC 板的两端的支撑条件为简支。

在外墙构造中，对于女儿墙、阳台部位的扶手下墙体或悬挑墙体，一般按照图 5-28 所示使用其他板材的情况较多。在这些部位，根据作用的荷载及几何尺寸，需要选用具有一定强度和刚度的补强钢材。

通过结构计算来验证这些构件不发生较大变形，并且能够有效地传递荷载到主体结构，进行设计。

下面就图 5-28 所示的在女儿墙等部位设置补强钢材时，连接构件的计算加以说明（具体的计算见附录2）。

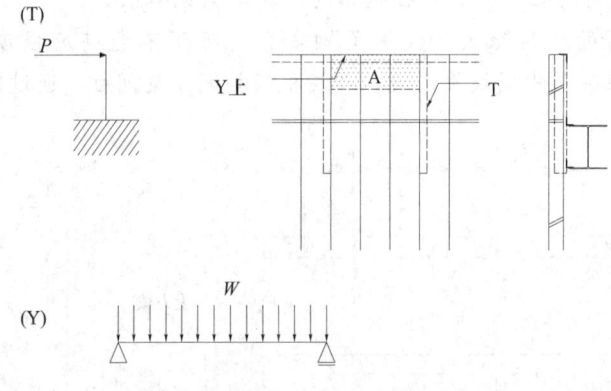

图 5-28　女儿墙处加强钢材的结构计算方法

（1）横向板件（Y）计算方法

简支在两端的方形钢管柱上（T）的横向板件（Y），承担了女儿墙处板材上半部分（A）传递的风荷载，这部分荷载按照均布荷载进行计算。

（2）方钢管立柱（T）的板件计算方法

固定在下部主体结构上一端固结的方钢管立柱（T）承担了横向板件（Y）传递的荷载，这个荷载按照集中荷载作用在构件端部进行 ALC 板计算。

横向加固构件和竖向钢管柱均应有挠度限值，一般情况下，与外墙板的挠度限值一般取 1/200。女儿墙部分的加固钢材的计算实例详见"附录2——开口补强钢材及女儿墙部分的补强钢材的 ALC 板计算实例"。对于补强钢材的施工安装方法参见第7章。

对于屋面挑檐处，当另外设置板材时，支承钢材的计算方法请参见其他相关规范。

5.5　特殊情况设计

（1）在楼间距较小的位置采用 ALC 板作为外墙板时，考虑施工方法，在保证施工空间的基础上，实施有效的防水措施。

（2）在对 ALC 板有不良影响的环境下使用时，需要特殊说明。

（3）在承受动荷载影响的部位使用 ALC 板时，需要特殊说明。

板材在特殊情况下使用时，在进行规划设计时，必须考虑以下因素。

说明：

对于外墙 ALC 板的施工和相关工程包括板材运输、补强及修补作业、板缝密封、外墙立面装饰、洞口等与其他材料相连接部位的防水处理等。这些工程在施工过程中根据需要，设置外部脚手架。相邻建筑物间的间距较窄时，不能通过防水工程来确保防水性能时，需要在两栋建筑物相邻的部位设置滴水槽、遮雨板等。

对 ALC 板的使用有影响的环境包括，①高温；②高湿；③低温、冻融；④酸性介质、药品；⑤海盐环境等。当必须在这些环境下使用板材时，需要注意以下事项：

（1）高温等不利环境

自然条件下，板材处于高温状态的部位为阳光直射的屋面板，对阳光直射时间较短时，可不做特殊处理。

对于垃圾燃烧厂、烟囱和锅炉等建筑物，板材处于高温状态，在冬季，板材从高温状态突然转到低温状态，这种干燥收缩和内外温差使板产生裂纹。在这种环境下使用 ALC 板设计施工时，需要通过隔热材料加以保护或使用换气通风设备使 ALC 板少受高温影响。

（2）高湿环境

当室内环境长时间处于高湿状态，ALC 板因为吸水而使其隔热性能下降，可能会出现冻裂现象。在室内游泳馆及内部湿气较重的工厂等环境下使用 ALC 板时，一般需要采取以下措施：

1）外墙板

① 在室内一侧设置防潮层或防水层，防止板材受水侵蚀。

② 在室外一侧使用透气性好的 ALC 板装饰材料，这样可以使板材的水分排放到室外。

③ 使用换气设备，使高湿潮气尽快排出。

2）屋顶

① 设置屋面防潮层，防止 ALC 板材受潮气侵蚀。

② 在屋面的室内一侧设置换气设备，将高湿潮气排出室外。

（3）低温冻融影响

ALC 板受雨水侵蚀后，受低温环境影响可能会发生往复的冻融现象而出现冻害。为防止冻害的发生，防止板材受雨水侵蚀，必须采用以下防止冻害的措施。

① 施工时，采用防止板材积雪和积冰措施。

② 为了防止板材结露，进行防止板材结露措施。

③ 防止窗户等部位的凝结水进入到板材内部。

④ 在设计施工时，需要考虑板材的透气性。

（4）酸性气体和药品环境

高浓度的碳酸气体、盐酸类气体和药品等可能会导致 ALC 出现局部的开裂。酸性气体环境下使用 ALC 板时，需要充分注意通风换气。如果不能远离高浓度酸性气体和药品的影响，应避免使用 ALC 板材。

（5）高盐环境的影响

在沿海地区，盐分对 ALC 板内部的加强钢筋有腐蚀作用，可能造成 ALC 板表面裂纹、剥离等情况的发生。此时，为了防止盐类的侵蚀，在 ALC 板材的表面使用防腐能力强的装饰性材料。

（6）在振动荷载环境下，可能出现局部脱落和板屑掉落现象，使用 ALC 板时应该注意以下事项：

① 在 ALC 板与梁等主体框架结构相接部位，使用防振橡胶垫等缓解振动效应。

② 屋顶和楼板等应使用厚度较厚、较短的 ALC 板材。

③ 为了不使室内 ALC 板材的粉末脱落，在屋顶和楼板处设置顶棚，并且在采用喷涂方式进行装饰装修时，板缝部位及板与主体框架间进行密封。在外墙板和内墙板的表面，进行内装或通过喷涂方式进行装饰装修。

第6章 施工计划

6.1 一般情况

施工技术人员，以设计图样为基础，把握设计条件、要求性能，明确现场施工条件，做好施工计划。

说明：

施工单位应做到：专业施工队伍选定后向业主、监理汇报，依据已有的施工规划根据不同的专业施工队伍制作 ALC 板施工及相关工程的施工计划，确保相关工程能够根据相关产品要求，保证其工程质量。该施工计划主要项目见表 6-1。保证工程质量的关键因素是施工人员的技术水平。

6.2 施工计划书

（1）施工单位，以设计图为基础制作施工计划，并需要得到监理工程师的认可。

（2）施工单位选定专门施工人员，以施工计划书为基础，根据专门施工人员的需要制作 ALC 板施工要领手册。

（3）施工计划书的内容需要变更时，需得到业主和监理工程师的认可。

说明：

施工计划书是指在 6.1 中制订的施工计划方针和它的具体实施计划，由施工单位制定，并得到业主和监理单位认可的文件。施工规划书中，明确记述与 ALC 板工程相关工程项目和工程范围。施工计划书中，还记述了与 ALC 板施工同时发生的 ALC 板边角料和剩余材料的处理，应根据相关的法律法规，作为建筑废弃物进行处理等。ALC 板施工规划书的主要内容见表 6-1。

施工计划书的主要内容　　　　　　　　　　　　　　　　　表 6-1

项目	内容
1. 总则 1.1　适用范围 1.2　规划变更、追加	工程名称、施工规划书的目的 变更时，变更内容有异议时的协调方法
2. 一般项目 2.1　工程概要 2.2　建筑物概要 2.3　ALC 板工程概要 2.4　施工组织（工程管理体制）	工程整体概要 平面图、立面图 部位、构造、种类、数量（在立面图中标注） 施工单位、ALC 板的生产制造商、专门施工企业一览

续表

项目	内容
3. 相关工程 3.1 相关工程概要 3.2 工程范围	防火涂装、建筑设备、楼梯扶手等装饰材料、喷涂、防水等相关工程和区间划分
4. 基本性能 4.1 性能标准 4.2 构造 4.3 材料	耐火性能、承载能力、抗震性能 施工安装方法说明 使用材料说明
5. 工程规划 5.1 工程项目 5.2 安装工程	工程总表、施工生产图、安装工程表
6. 临时工程规划 6.1 综合临时工程 6.2 与ALC板相关的临时工程	综合临时工程概要（起重机种类、位置、各种场地）与ALC板工程相关临时工程等
7. 安全管理 7.1 安全管理体制 7.2 注意事项	施工作业场地的安全管理规定等 施工作业时的注意事项
8. 施工规划 8.1 施工条件 8.2 技术工人 8.3 吊装、搬运、临时固定 8.4 安装 8.5 端部板材处理 8.6 密封	场地条件、周边环境及施工规划上的制约事项。ALC板施工技术工人 ALC板搬运路径、上料方法、安装方法、临时固定方法、数量 起重机等的使用、安装方法、焊接方法 材料堆放场地、分类、处理方法 材质、商品名称、施工条件
9. 检查	框架结构和基础检查、施工前检查、施工过程检查、施工后检查

施工单位在选定专业施工队伍后需要向监理方汇报，依据施工规划书制订ALC板施工及相关工程的施工要领手册，根据需要要求专业施工队伍同时制订，确认其是否能够保证所要求的品质。施工要领手册内容见表6-2。为了保证施工品质，需要技术人员具备一定的技能。

施工要领手册内容   表 6-2

项目	内容
1. 施工组织	施工队伍，ALC板制造商、专业施工人员一览
2. 工程表	施工进度计划表
3. 结构体系	ALC板施工班组、名单及资格，使用器具
4. 起重、运输及临时安置	搬运方法、临时安置方法、数量，板的养护方法
5. 施工 5.1 施工流程图 5.2 弹线定位 5.3 连接钢材、补强钢材 5.4 加工 5.5 安装 5.6 补修	

项目	内容
6. 密封	
7. 安全事项	操作时的主要事项

6.3　施工图

施工技术人员，在进行 ALC 板施工前，绘制施工图，并需要得到业主、设计单位和监理工程师的认可。

说明：

施工单位首先制订 ALC 板工程施工图（ALC 板施工图案例见附录 3），并取得业主、设计单位和监理单位的认可。

ALC 板的施工图是指：以设计图为基础，为方便施工，对施工过程中必要的细节用图的形式表示。施工单位在专业施工队伍的配合下完成施工图的制作，使设计图的内容更加具体。施工图一般由 ALC 板的切割图和 ALC 板的安装详图构成，切割图用平面图和立面图的形式表示。详图中除了包括一般部位的图样外还应尽量给出特殊部位的图样，除了性能要求外，还要明确与其他构件连接时的连接构造、施工方法和与相关工程的配合情况，以便在施工时不发生问题。对于在内容上有歧义的地方，通过与业主、设计单位及监理单位协商，并在施工前解决歧义。施工人员必须依据施工图进行施工。板材的切割在施工现场完成并且尽量保证余料最少，采用与现场条件相适应的安装方法，并向监理单位汇报，得到监理单位的认可。

施工图中明确的内容如下：

（1）板切割图

1）基准线，板材到基准线的距离，开口的位置及大小。

2）板材的尺寸、种类、设计荷载、板材的记号。

3）补强钢材的位置及构件尺寸。

4）柱、梁周围板材的加工及洞口的位置及大小。

5）设备用洞口的位置及大小，补强方法。

6）与主体结构相连的金属连接件等相关工程。

（2）施工详图

1）主体结构、金属连接件与 ALC 板相连的细部构造。

2）ALC 板的安装方法。

6.4　工程量计算

施工技术人员，在进行 ALC 板施工前，需要提供工程量及施工进度安排。

说明：

施工单位应预先制订 ALC 板施工进度安排并附在施工计划书中，提交给业主及监理单位。工程表应做到整体工程与 ALC 板施工工程分离，其中整体工程施工进度表由施工单位制作完成。ALC板的施工工程应在施工单位与专业施工队伍经协商后制作完成。该项中，以 ALC 板施工工程进度表的制作过程为例进行说明。以 ALC 板施工为例，工程表的格式一般采用施工进度横道图。因为整体工程需要表示出与相关工程之间的关系，一般建议采用网络图。

施工单位应尽快确定与 ALC 板工程相关的板材制造商和专业施工队伍，考虑板材的切割问题。同时，充分讨论间柱、中间梁、次梁等支撑构件。支承构件的研究和讨论必须要与钢结构图样相配合。

施工计划中，应考虑施工图的审批日期和板材的生产日期。板材交付使用的日期一般还会随着季节的不同发生变化。施工单位应该在考虑可能出现的情况下，制订出与施工图内容相一致的施工进度安排。

板材的进场时间应在施工进度表计划日期前1周左右，与专业施工队商讨施工准备工作。专业施工队与板材生产商确认板材的生产情况并确定板材进场日期，以及准备进场所需要的车辆。

安装工程应该考虑到安装期间的气象条件，如风、雨天不能施工，刨除节假日等休息时间计算出实际的施工时间，并且在讨论施工作业难易程度的基础上，根据施工机械的作业能力，材料堆放场地面积进行施工作业人员的编组工作。

ALC 板工程相关的项目工程实例如图 6-1 所示。

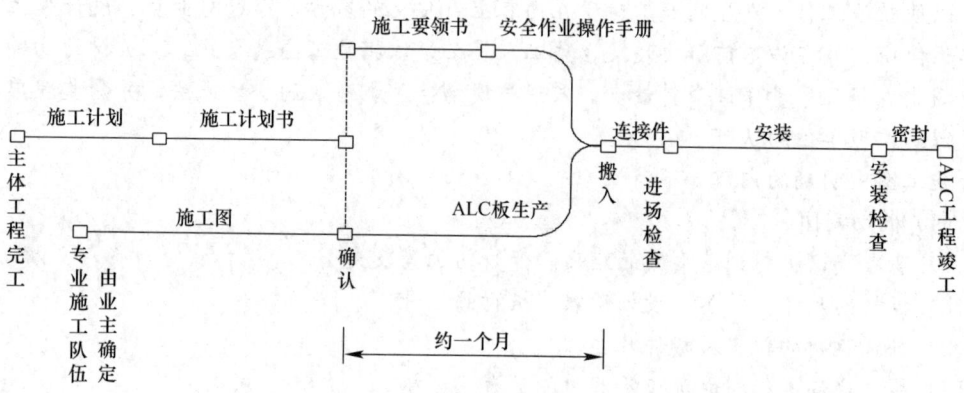

图 6-1　ALC 板工程相关事项工程实例

6.5　临时架设

（1）施工技术人员，在进行 ALC 板施工前，做好必要的 ALC 板搬运、起重和安装等作业的临时设施计划。

（2）施工技术人员，在施工前，确认施工使用的机械设备所需的电力设备情况。

说明：

施工单位应该规划 ALC 板工程的前期准备工作、板材的运输、起重、安装等作业。建筑工程中关于临时设施的工程项目的规定参见《施工现场临时建筑物技术规范》JGJ/T 188—2009。施工时的必要事项：

（1）脚手架工程

一般在 ALC 板施工前应设置好所需要的脚手架。ALC 板进场时，需要设置 ALC 板的进料口及承重平台。承重平台的设置时期应该与 ALC 板专业施工队伍充分商讨后确定。对于屋顶及楼板上使用的板材，为了保证安装作业的安全性，在安装作业开始前设置防止坠落事故发生的安全网，在弹线定位和安装金属件时，为保证施工安全应设置安全施工平台。

外墙板在安装作业时，需要设置框架形式的脚手架保证施工安全。外部脚手架的建设场地需要考虑从板材保管场地到安装就位等工作的连续性，同时考虑装饰工程的需要，因此，一般将脚手架设置在距离外墙板外表面 30cm 的位置处。

板材在取用过程中使用的卷扬机，一般以加固的脚手架为吊点。即，脚手架应能承担板材重量，为了满足最上部外墙板吊装的需要，设置的脚手架的最高点应比外墙板顶部高 1m 左右（图 6-2）。

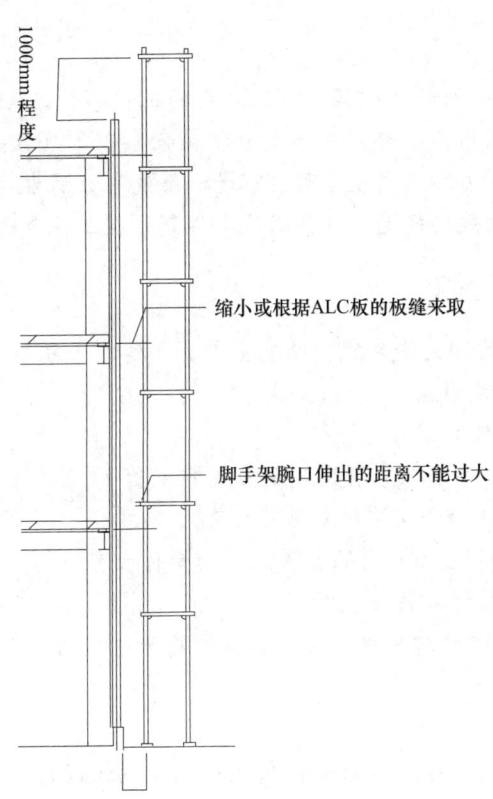

缩小或根据ALC板的板缝来取

脚手架腕口伸出的距离不能过大

图 6-2　外墙施工时脚手架实例

但是，对于使用起重机吊装 ALC 板时，使用普通脚手架就能满足要求。

对于层高较高的工厂、仓库和阶梯教室等，如果安装板材的位置处无梁时，应该在室内设置用于安装作业的脚手架。

对于内隔墙板的施工，一般采用移动脚手架、高空作业车及梯子等。并且在楼梯间等上下层板材连续的情况下，应在外墙相应位置处设置脚手架。

（2）临时机械

板材的搬入过程一般以 5～8 块（约 1t）板材为一组，使用能够直接运送的卷扬机从运输卡车到安装就位位置附近。这类起重机可以使用箱式起重机和塔式起重机等。

但是，对于高层建筑物，一般情况下的起重任务由升降机来运送到各层位置处。

施工单位在施工前确认使用的机械设备，必要的电力设备情况。ALC 板工程施工用的电动工具类包括，焊接机、钢材切割机、ALC 板切割机、电钻和电动卷扬机等，因此，作为施工电源必须保证每 1 专业施工班组（约 3~4 人）有一组 3 相动力电源。因此，施工单位一定注意对专业施工队伍的电动工具类进行安全检查，并在确认后发给许可证。

6.6 安全设计

（1）施工技术人员，要注意防止 ALC 板施工中出现安全事故。

（2）施工技术人员，在进行 ALC 板施工前，根据需要让专门施工人员制作安全作业手册。

说明：

施工方应该注意 ALC 板施工过程中可能发生的工程事故。ALC 板在施工过程中，一般处于高空作业状态，利用各种起重机和电动机械设备固定安装 ALC 板，同时伴随着焊接作业。因此，一定要尽力防止高空坠落、落物和触电事故的发生。进行劳动作业时，应严格遵守劳动安全相关法规的规定，事前做安全规划，在工作会议时要做到让所有技术人员熟知安全规划中的内容。

特别注意以下事项：

（1）ALC 板施工时的相关法令规定的安全教育和技能学习

1）施工人员的安全教育。

2）施工作业的特殊教育

① 切割用砂轮砂片的更换及在更换时的试运行教育。

② 使用电弧焊接机进行金属焊接或熔断教育。

③ 作业平台高度不超过 10m 的高空作业车的操作教育。

④ 电力驱动卷扬机的操作作业教育。

⑤ 额定起重量不满 1t 的起重机、移动起重机或者起重机的吊装定位教育。

3）班组长的教育工作。

4）施工主任及专业技能学习

① 高空作业驾驶技能学习（作业平台在 10m 以上的情况）。

② 吊装定位学习（额定起重吨位在 1t 以上）。

5）带入施工现场的电动工具的检查及施工作业开始前的检查。

（2）板材安装工作开始前的注意事项

1）临时放置的屋面板和楼面板在受到撞击后可能脱落，一定要保证支承材料的承载能力。

2）屋面板及楼面板上临时堆放板材时，要防止 ALC 板上出现过大的集中荷载。

3）外墙板在施工作业时为了防止出现坠物等危险应避免上下层同时进行施工作业。在主体框架和脚手架间的缝隙处设置安全网。

4）施工过程中的 ALC 板在受到强风或撞击时可能有脱落的危险，应该分段迅速的完成安装固定工作。

5）临时放置在高处的板材，为了防止受强风等的影响而散落应采取必要的措施。

6）高差在2m以上的地方高空作业受强风、大雨、大雪等恶劣天气的影响，要遵守劳动安全卫生法律相关规定。

7）ALC板的施工作业因为属于高空作业，在可能发生坠落等危害的地方，应使用安全带等安全措施来保证安全施工。

8）焊接作业和板材加工作业过程中应佩戴面罩等采取必要的防护措施。

（3）注意防止第三方伤害的发生

1）焊接作业时，为防止焊接火花的四处飞溅，应使用金属物遮挡和使用防风布防风。

2）板材在加工时，为了防止粉尘四处飞扬，应该使用消尘机械或使用经过养护的板材。

3）与道路和居民区相邻的部分，应使用塑料围挡或金属围挡进行适当的维护。

4）夜间施工时，应注意防止噪声。

（4）施工作业开始前安全教育碰头会应注意事项

1）因为施工作业场地每天都会变动，应对施工作业场地周边情况加以说明。

2）需要资质的施工作业，应对相应的资质和资格进行审查，配备必要的具备相应资质人员。

3）检查施工作业人员的健康状况是否与所从事的施工作业项目相符合。

施工方应在ALC板施工前根据需要给专业施工班组制订相关的安全作业手册。安全作业操作手册是指记载与ALC板施工作业相关的各项工作安全执行的标准、施工方法，是专业施工班组向施工单位提交的手册。该《安全操作手册》的主要内容见表6-3。

安全操作手册主要内容 表6-3

1. 组织、资格	与ALC板施工相关的各专业施工队伍相关资质人员一览表
2. 管理体制	安全管理体制指示、信息传递方法
3. 施工条件	场地条件和周边环境对施工规划上的制约事项
4. 施工作业标准	每个施工作业的标准

6.7 板的搬运与保管计划

（1）ALC板的搬运与保管时要考虑场地和周边道路条件，采用适当的方法。

（2）ALC板起吊时要选择合适的起吊设备和专用设备。

（3）ALC板临时放置原则上应在室内，应该在合适的场地进行保管。

说明：

板材在搬运到施工场地时应该根据现场的场地条件和周边的道路条件采用适当的方法。板材的运输一般采用吨位在10t左右的大卡车或5t左右的中型卡车从加工厂直接运输到现场，考虑施工现场的交通情况（通行禁止区域，通行许可等），来规划日期和时间。如果施工现场卡车不能直接进场，用专业搬运车辆进行小规模搬运或者用小卡车进行二次搬运。并且，使用道路的一部分进行板材搬运作业时，应该事先取得道路使用许可权。但是，进入到施工现场的车辆所使用的道路，应该防止发生路面打滑或车辆陷入车道里，根据现场情况进行必要的处理。

  板材的吊装应使用合适的起重机和专业工具。卷扬机通常适用箱式起重机，考虑建筑物高度、场地条件、卷扬机设置位置、脚手架位置、搬运入口及使用道路时，应考虑电线等障碍物的位置，使用适当工作能力的机械设备。

  板材的临时堆放原则上应在室内保管，要规划出合适的场地来保管材料。板材尽量一次性用升降机搬运到指定楼层，然后用液压搬运车逐渐运到安装指定位置。但是，板材小规模运输的楼板应该选在无高差和开口的地方，板材临时放置处原则上应该选取屋内水平干燥的地方。

第7章 施 工

7.1 施工管理

为了保证工程的顺利实施，依据施工计划书，按照7.2~7.5节要求进行施工管理。

说明：

施工方为了保证性能要求，应根据6.2中规定的施工计划书，按照7.2~7.5所示项目进行施工管理。并且，施工单位应根据需要，在工程各阶段应得到监理单位的认可。并且，在发生问题时与监理单位进行磋商。

7.2 通用事项

7.2.1 起重、搬运、安装

（1）ALC板起重、搬运应使用专用设备，注意不要损坏ALC板。

（2）ALC板临时放置，原则上以组为单位进行临时堆放，并注意稳定性。

说明：

板材起重时使用的起重机应该根据施工计划，保证其具备适当的起重能力。为了防止板材在起重·运输过程中出现损坏，应该从卡车上直接运送到安装楼层处附近的场地上，尽量减少二次搬运和小规模运输过程。板材在起重时，使用尼龙绳带、三角形背带等专用器具以组为单位运输，一定注意防止板材掉落（图7-1）。其中，ALC板的一组是指板材在运输时的一组。一组板材的高度应该在1m以下，重量约1t。

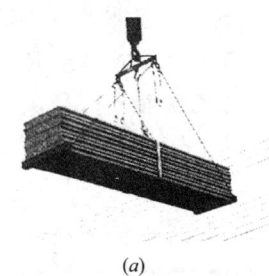
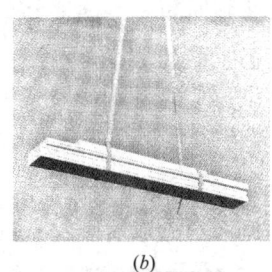
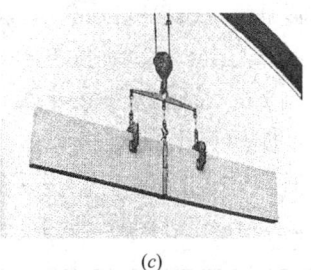

(a)   *(b)*   *(c)*

图 7-1 吊装时专业器具实例

(a) 三角形背带；*(b)* 尼龙绳带；*(c)* 横板吊装用吊具

在板材进行垂直运输时，板材可以放在推车或者液压手推车等上面进行运输，此时，应注意楼面板处是否有高差避免板材的破损。在施工现场内进行板材的小规模运输时，应保证运输路面的平整且道路宽度应在2m以上，应该使用专用搬运车辆进行搬运（图7-2）。

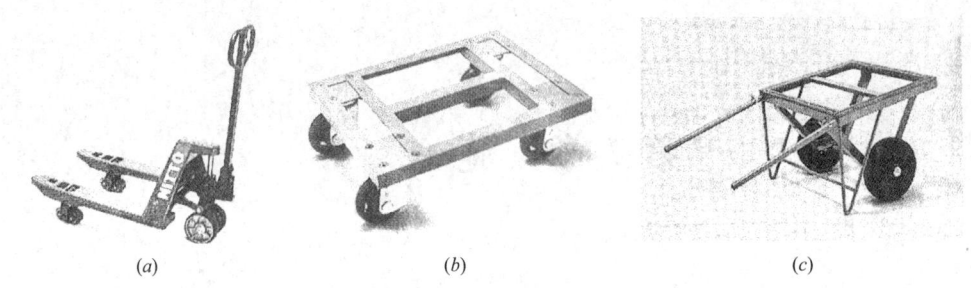

图 7-2 搬运用车辆实例

(*a*) 液压式手推车；(*b*) 四轮运输车；(*c*) 两轮运输车

　　板材在放置时，应该考虑施工作业的方便性和安全性，板材堆积高度应在一组左右，为了防止出现板材的弯曲、扭曲、裂缝等损伤，板下垫的木方应该水平放置。在放置种类及长度不同的板材时，较长的板材应放置在最下面，应该注意放置时的稳定性。ALC板临时堆放在屋面或楼面上时，应选择放置在正下方有梁的位置（图 7-3），并且，应该分散放置，应该注意防止对已经安装就位的屋面板或楼面带来损伤。

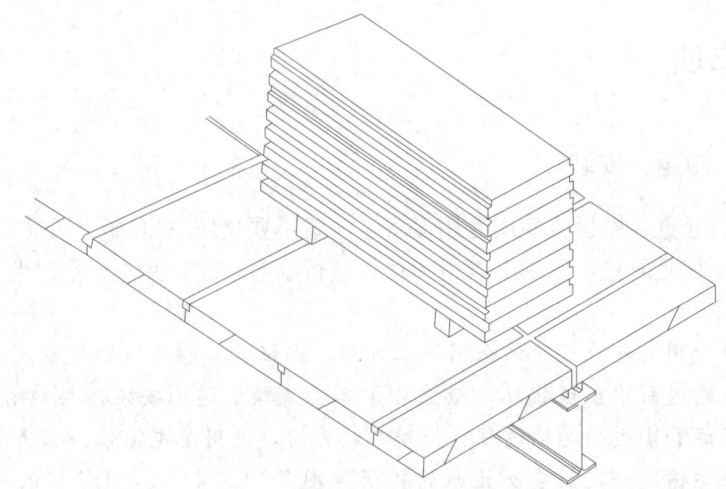

图 7-3 板材在楼面上临时放置实例

　　受临时堆放空间的限制，不得不将板材以 2 组为单位进行堆放时应该根据图 7-4 的要求注意堆积高度。此时，最重要的是最下层的木方与两组板材之间的木方对齐放置。当板材不能直接运送到指定安装楼层而临时放置在屋外时，为了避免板材破损和污染，应该根据需要覆盖养护用苫布。

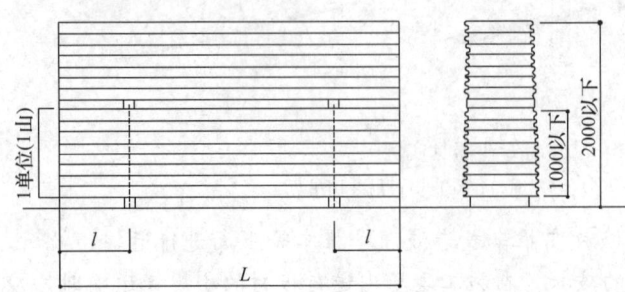

堆放		平放
最大堆	单位	1.0m以下
放高度	总高	2.0m以下
方垫木	位置	$l=L/5\sim6$

图 7-4 临时堆放时板材的堆放高度建议值

7.2.2　放样定线

金属连接件和 ALC 板安装前，应根据施工图施工放样定线。

说明：

放样定线是指为了使金属连接件及板材等能够精确的安装到指定位置的工序。ALC 板的放样定线应根据施工图，从基准墨线开始，对金属连接件和板材的指定安装位置通过测量来定位。即，施工人员在施工 ALC 板前，首先确定施工基准线。

在施工外墙板和内墙板过程中，梁及楼面板等处的标准角钢、开口处的加强钢材、内隔墙用的槽钢等的安装位置需要定位。在屋面及楼面板的安装工程中，承担板荷载的次梁及檩条等，应该确定板材切割线等。

7.2.3　板材的切割、开槽和开孔

（1）板材的切割、开槽和开孔应该在不影响板材强度的位置。

（2）由于板材加工所引起的漏筋现象应该根据 4.5 节中规定的防腐涂料进行防腐处理。

说明：

板材的切割、开槽和开孔应该在不影响板材的强度范围内。施工单位应该控制施工现场板材的切割、开槽和开孔，满足 5.2 节中相关要求。在柱和梁周围，板材端部进行搭接处理时，用结构次梁等支承板材。搭接长度和板材的支承方式，施工单位应进行记录并取得监理单位的认可。

由于板材加工所引起的漏筋现象应该根据 4.5 节中规定进行防腐处理。板材在切割、开槽和开孔时出现漏筋的，除了采用砂浆能够有效地保护钢筋外，应该根据 4.5 节的规定对加强钢筋进行防腐处理。

7.2.4　连接钢材及各连接构件的焊接

（1）应该进行合理的连接钢材和金属连接件的焊接。

（2）对于焊接部分应该根据 4.5 节的规定进行防腐处理。

说明：

连接钢材及金属连接件等的焊接工艺应该清除焊接部位的焊渣、对焊缝末端进行封口和避免夹渣等焊接缺陷的出现，保证必要焊接长度和焊点距离。ALC 板在施工过程中，由于现场焊接工作较多，焊接技术水平也是施工管理的重要因素之一。

连接钢材及金属连接件等焊接部位的处理应在完全除去焊渣之后，等到焊接部位充分冷却后，根据 4.5 节中规定进行防腐处理。

7.2.5　变形缝处的防火处理

对于有防火要求的部位，在板材间设置变形缝时，应该根据 4.5 节的规定进行防火填缝处理。

说明：

防火材料应使用宽度在 50mm 以上的材料，使用时使厚度压缩 20%。但是当防火材料对密封材料的填充带来障碍时，密封材料应在板材安装时同时填充。对于内隔墙，由于

要保证其具备防烟功能，有时也在防火材料上填充密封材料。

7.2.6 填缝砂浆的养护

（1）填缝砂浆在硬化前应该防止板材受到振动或撞击。

（2）当遇到不适合填缝砂浆的填充和硬化的气候条件时，应该采取必要的措施。

说明：

填缝砂浆具有保证板材一体化的重要作用，因此，砂浆在填缝后，硬化前防止板材受到振动或撞击。

屋面及楼面板在施工过程中，填缝砂浆在填缝后如果立即进行防水工程或其他工程施工，搬运较重的材料，会撞击、扰动板材。过度的振动或撞击是造成板材和砂浆表面分离的主要原因，同时，对相邻板材间的一体化带来影响。因此，填缝砂浆在填缝后，应该尽量保证在 24h（冬季 48h）不发生振动或撞击。填缝砂浆在填缝时及在硬化过程中气温下降，可能造成砂浆强度下降和硬化不良等现象，原则上不建议此时施工。但是，如果必须要施工，应该采取必要的养护措施。对于屋面板和楼面板等，砂浆填充后受降雨影响，会造成砂浆强度下降，砂浆从填缝位置漏下，造成板材下底面污染，所以，应该根据需要在填充后覆盖苫布等进行养护。

7.2.7 板材的修补及开槽处的填补

对于板材缺陷的修补和开槽的填补应在板材安装就位后，采用 4.4 节的规定对砂浆进行修补。

说明：

板材的修补原则上应在板材安装就位后进行。但是，对于板材安装就位后不能进行修补的部位应该在板材安装就位前进行。这些修补工作应根据 4.4 节的规定对材料按板材制造商的说明书搅拌后使用。修补部分应该严格按照 4.4 节中指定填充材料用毛刷均匀涂抹，修补用砂浆应在搅拌后 30min 内使用完毕。

对外墙用板材等的密封材料填充部位周围进行修补时应注意保证密封材料具有规定的形状。并且，对于变形缝处应该在确保固定的变形缝宽度的基础上进行修补。

对于外墙板的转动连接安装工法和横板的螺栓连接安装工法的接缝处，应该保证相连的两块板材相互间不接触的前提下进行修补。对于滑动连接安装工法也应该注意，对于未填充砂浆部位的修补，不要因为修补而使相邻的板材连在一起。

当需要修补的缺口过大并需要开槽埋入构件时，填槽处根据 4.3 节的规定填充砂浆，涂覆后再使用修补砂浆进行修补。

7.2.8 板材间的密封处理

外墙板材间的密封应该按照《建筑外墙防水工程技术规程》JGJ/T 235—2011 中的相关规定执行。

说明：

ALC 板材间密封材料应该使用 4.5 节中指定的材料，按照规范进行施工。

相邻板材之间变形缝或板缝，能够产生较大移动缝隙，它能够保证板间的错动相协调，填充密封材料前，板材背面也应填满密封材料，并且在缝隙底部粘贴绝缘胶带。

密封工程开始前，应该首先明确密封材料填充板缝的形状是否恰当。确认了板缝的形状后，在密封材料填充部位用涂料进行涂装。为了保证接触强度，密封材料的填充应在覆盖材料和涂料干燥后立即填充。但是，使用的涂料应当考虑密封材料和覆盖材料的材质，采用密封材料制造商指定的涂料。

7.2.9　施工完成后板材养护

施工人员在 ALC 板施工完成后，防水工程和装饰工程开始前的这段时间里，为了防止板材受雨淋、污染、破损等影响应该进行必要的养护处理。

说明：

ALC 板施工完成后，板材在没有保护的情况下会因为降雨等的影响而吸水对板材不利。考虑到天气和气候等因素，为了不对随后的防水工程、内装工程带来不利影响，需要进行必要的养护处理。

在进行防水工程和装饰工程的材料搬运时，为了不使板材污染和破损可以用胶合板等进行保护。并且，这些材料应该采取分散放置避免出现荷载集中。

7.3　外墙施工

7.3.1　连接钢材、补强钢材的安装

（1）标准规格角钢等连接钢材及女儿墙部位等补强钢材应在主体框架指定的位置进行安装。

（2）门窗洞口等开口部位附近应该使用开口部位的补强钢材。

说明：

安装板材用的连接钢材及女儿墙部位等的补强钢结构具有将板上承担的风荷载及板材自重传递给主体框架。并且，连接钢材及补强钢材等的安装位置的精确与否对 ALC 板板面的精度和板材安装时的作业难易程度影响较大，因此，精确地安装连接钢材等到指定位置是非常重要的。

标准角钢等连接钢材的安装多数情况下直接焊接在钢梁或钢柱上。ALC 板纵向安装时，标准角钢一般直接安装在梁上，ALC 板横向安装时，为了调整标准角钢的安装位置，一般采用 T 型钢连接构件。

焊接长度和间隔如图 7-5 所示。在柱周围和接合部的高强螺栓周围等，标准角钢不能直接焊接到梁上时，如图 7-6 所示，将 T 型钢或平钢板等焊接后，确保 ALC 板的支撑面设置连接角钢。但是，对于 ALC 板纵向安装时，板材下部与建筑物的梁等混凝土构件相连时，在混凝土构件的最上部设置标准角钢。但是，对于滑动构造安装工法，在一层基础部分，一般不设置角钢而直接安装在基础上。

在女儿墙部位，一般补强钢材设置在悬挑外墙及开口部位。女儿墙部位补强钢材的使用实例如图 7-7 所示，悬挑部分使用补强钢材的实例如图 7-8 所示。

这些补强钢材的材料尺寸和设置间隔等参考相应设计施工图样。

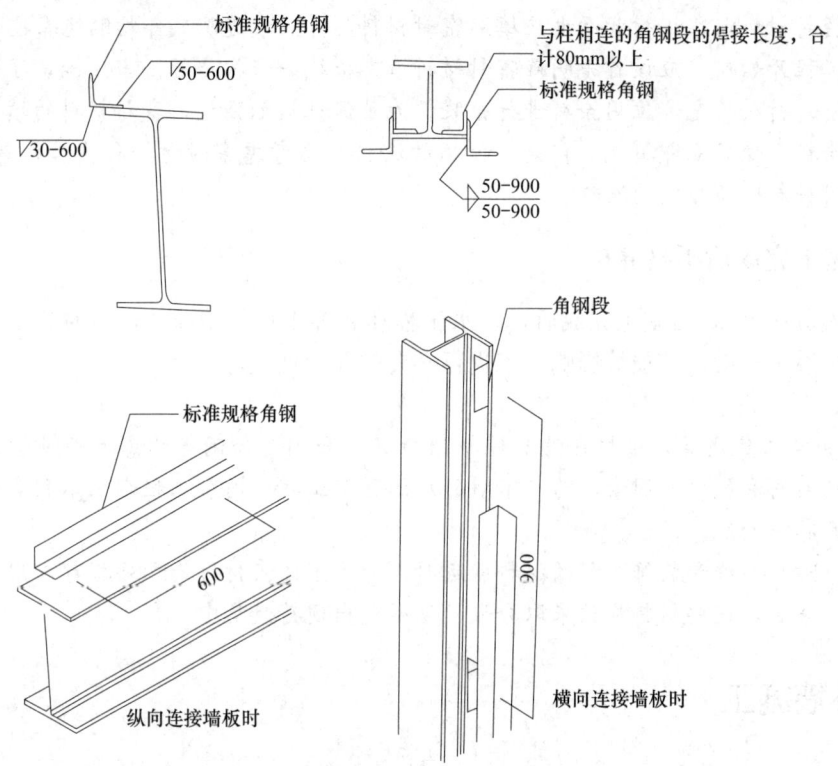

图 7-5　标准角钢焊接长度及间隔实例

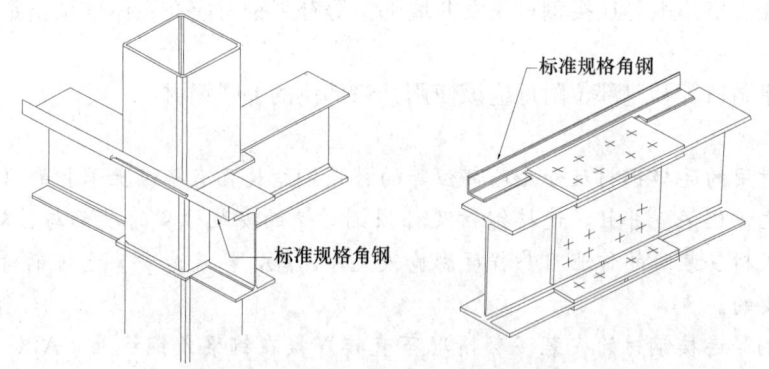

图 7-6　柱及高强螺栓周围安装标准角钢实例

在门窗洞口等开口部位，应设置开口补强钢材。但是，开口部分的大小，根据风荷载大小和板材的安装方法的不同，在开口部位使用不同的金属连接构件。

（1）开口部位的补强钢材的安装

开口部位设置的钢材是为了保证开口部位及开口部位周围 ALC 板上的外荷载能够有效地传递到主体框架上。在使用了钢筋混凝土基础的部位，需要通过与预埋钢筋焊接等方法，使板材有效地安装就位。

滑动连接安装工法中，在开口的幅宽处，除了仅有 2 片墙体的情况外，应在开口处设置补强钢材。开口处两侧的补强钢材使用螺栓挡片使板材可以在板面内有转动能力，进而

76

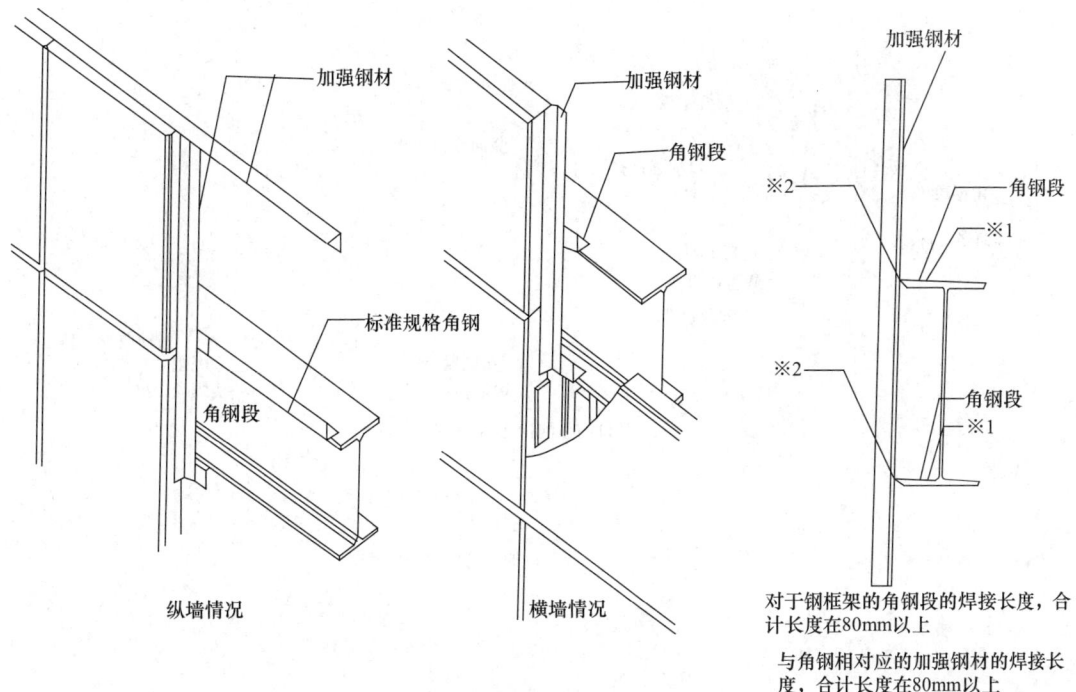

对于钢框架的角钢段的焊接长度,合计长度在80mm以上

与角钢相对应的加强钢材的焊接长度,合计长度在80mm以上

图 7-7 女儿墙部位的补强钢材的设置实例

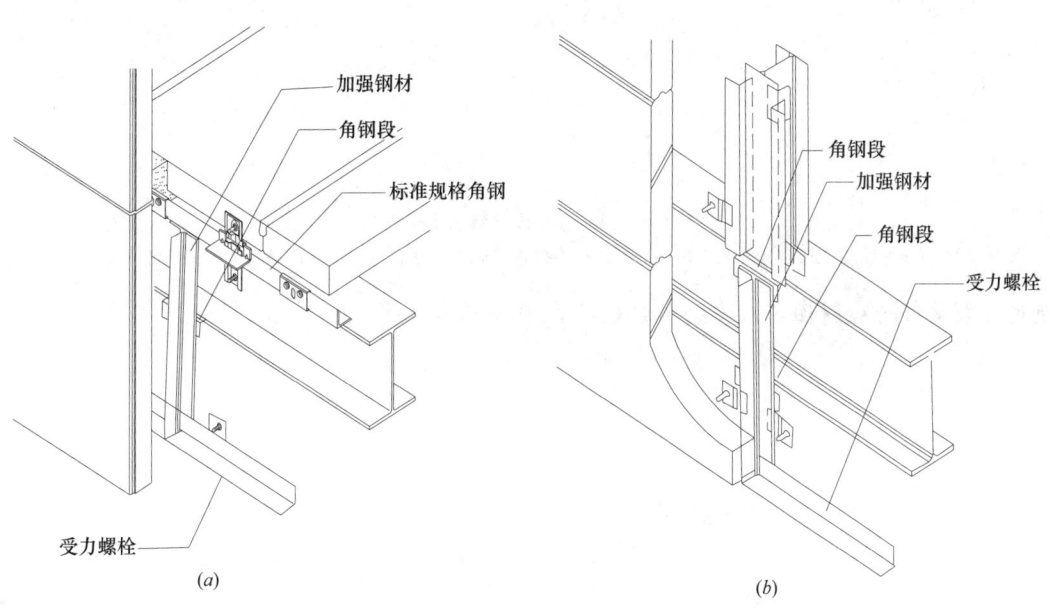

图 7-8 悬挑墙板处的补强钢材的安装实例

(a) 纵墙情况;(b) 横墙情况

达到不妨碍整个板材的滑动性能。开口加强钢材的安装实例如图7-9所示。但是,开口处加强钢材的尺寸应根据设计图样要求进行施工安装。

开口处补强钢材通常使用角钢,但是,也可根据开口部位的大小使用H型钢。此时,作为钢结构工程应该在设计阶段给予考虑。对于成排开窗和排烟口等有较大的开口部位,

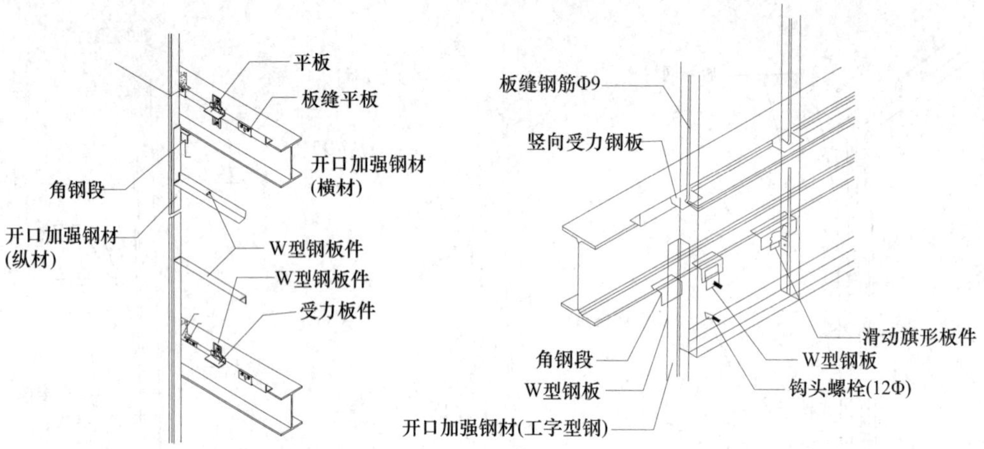

平板
板缝平板
开口加强钢材
(横材)
角钢段
开口加强钢材
(纵材)
W型钢板件
W型钢板件
受力板件

(a)

板缝钢筋Φ9
竖向受力钢板
角钢段
W型钢板
开口加强钢材(工字型钢)
滑动旗形板件
W型钢板
钩头螺栓(12Φ)

(b)

开口加强钢材(工字型钢)
钩头螺栓(12Φ)
开口加强钢材(工字钢型)

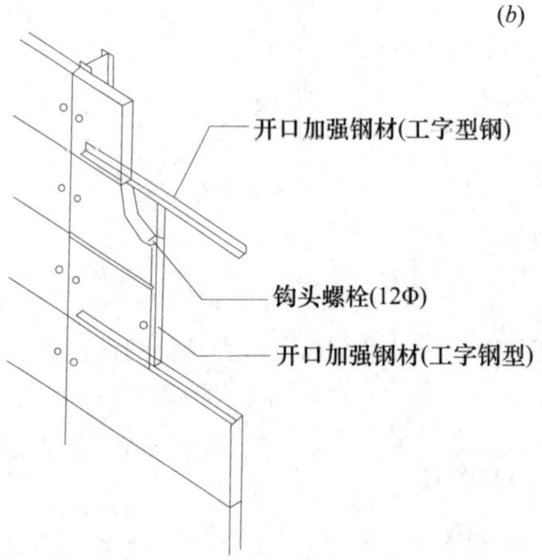

(c)

图7-9 开口加强钢材的安装实例

（*a*）转动连接构造施工工法；（*b*）滑动连接构造施工工法；（*c*）螺栓连接构造施工工法

使用抗风梁进行板材固定，安装实例如图7-10所示。

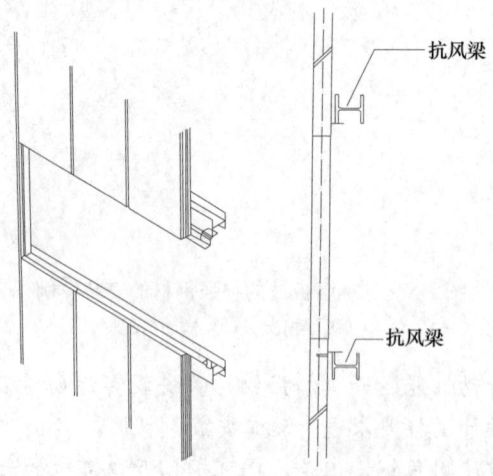

抗风梁

抗风梁

图7-10 使用抗风梁对板材进行安装固定

（2）开口部位金属件的安装

开口部位使用的金属构件有 U 型连接件和角型连接件。开口部位使用金属构件的情况仅限于滑动连接安装工法，U 型连接件限于开口宽度在 2 块板材宽度范围内的情况，角型金属件适用于开口宽度在 1 片墙体范围内情况，但当正风压为 2500N/mm²，负风压超过 2500N/mm² 时不能使用。在安装板材的同时，安装这些金属件。在开口部位使用金属件可使开口部位周围的板材通过两侧设置的贯通板缝钢筋与金属件焊接在一起，然后在板缝的间隙处填充砂浆，使板材成为整体。

开口部位上部固定板缝钢筋金属件，安装时使用滑动型钢板，以保证 ALC 板的面内变形。滑动连接构造安装工法开口处安装金属件实例如图 7-11 所示。

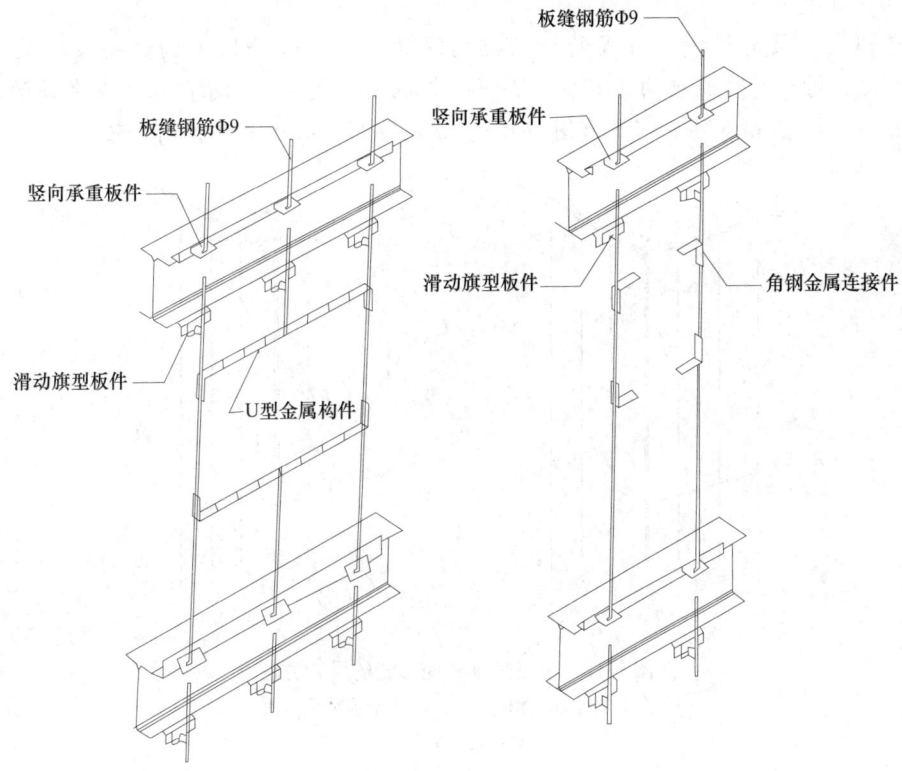

图 7-11　滑动连接构造安装工法中开口处金属件的安装实例

7.3.2　ALC 板纵向连接形式的安装

（1）确认 ALC 板的内外面，确保预留板缝进行安装。

（2）在 ALC 板短边相连的横向接缝及阴阳角的纵向接缝处设置变形缝。

（3）转动连接安装工法，ALC 板通过在 ALC 板内设置锚固钢筋、平钢板、Z 形板等连接构件安装在连接钢材上。

（4）滑动连接安装工法，安装如下：

1）ALC 板下部，一般通过固定在竖向托板处带有弯钩的 ALC 板竖向接缝钢筋与连接角钢相连，然后再与连接梁相连。

2）ALC 板上部，一般通过可以使 ALC 板在平面内滑动的滑动板等金属连接件焊接到连接角钢上。

说明：

外墙用板材一般情况下因为正向抗压承载力和负向抗压承载力不同，板材在安装时，需要确定板材的内外面。外墙用板材承受风荷载作用，通过标准角钢等连接钢材，传递到梁柱等框架结构上。螺栓固定连接安装工法是通过平板和连接板等安装金属构件，将风荷载传递到连接角钢。滑动连接安装工法是板材直接与连接角钢相连的安装方法，为了使正向风荷载传递到结构上，与连接角钢的搭接长度应该保证在30mm左右。当搭接长度不能满足要求，可以在得到监理同意的前提下，使用角钢或钢板进行加强。但是，外墙板与楼面板间用水泥砂浆进行填缝，对于承担正向风荷载作用有利，与板材相连的砂浆表面也可以作为搭接长度。

对于纵向安装的板材，设置的横向接缝宽度，对于螺栓固定构造安装工法一般在10mm左右，对于滑动连接构造安装工法一般在20mm左右。对于阳角和阴角处的板缝宽度，应设置10~20mm的变形缝（图7-12）。这些变形缝必须与施工图一致。

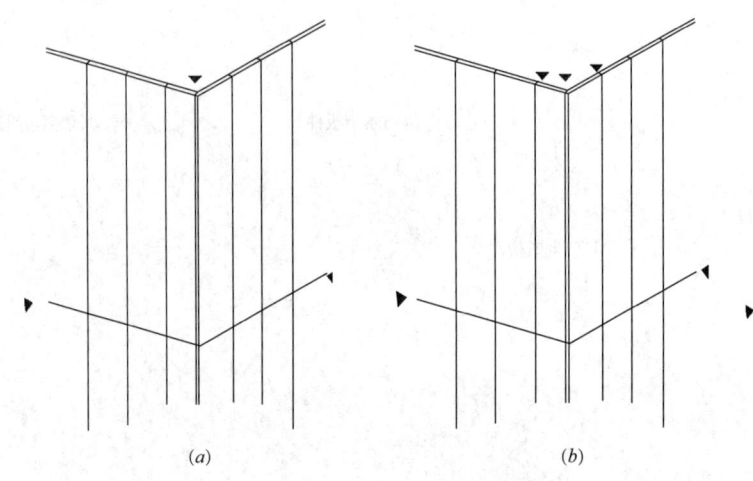

(a) (b)

图7-12　板材竖排时变形缝的设置方法
(a) 转动连接构造法；(b) 滑动连接构造法
▼：表示变形缝

螺栓固定连接安装工法。应在板材的上下内部设置预埋钢筋，通过平板、带螺丝的垫片等金属构件，安装在标准角钢上。一般板材的安装实例如图7-13所示，各种安装用金属构件的长度如图7-14所示。

为了使板材的重量不妨碍螺栓固定连接安装工法的连接强度，在板材的中央设置托板。在基础等混凝土表面板材的下部处理时，为了不妨碍板材的锚固强度，混凝土上表面设置的标准规格角钢与板材下表面之间在板材宽度方向中间位置设置一定空间（图7-15）。

对于一般部位，因为板材背面与标准角钢间有6mm的缝隙，该部位采用带螺栓孔的板材，并确保相邻板材在接缝处应无高差（图7-16）。

板材与楼板间用砂浆填充时，为了不妨碍板材的锚固连接构造的强度，应在板材上粘贴绝缘胶带，填充砂浆尽可能不与板材相连。

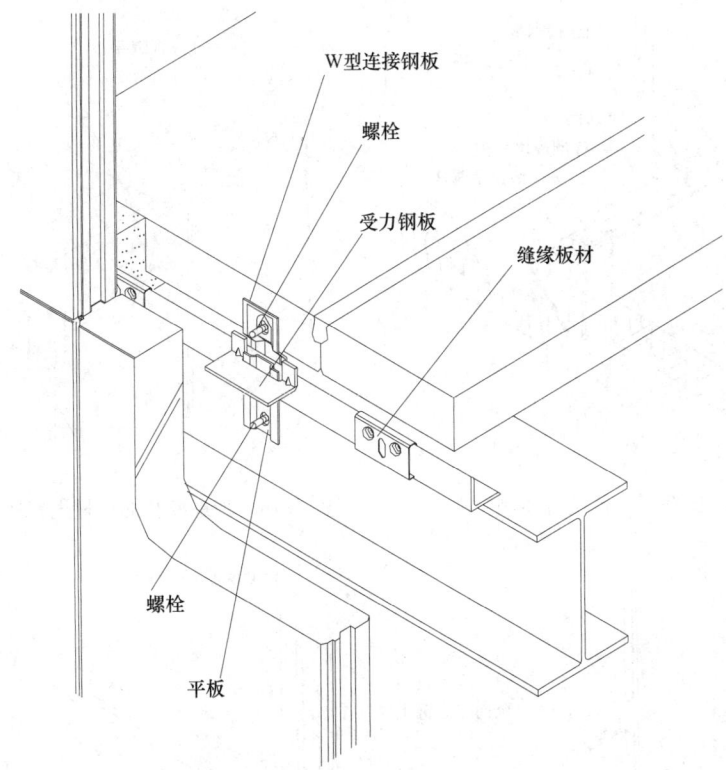

图 7-13　螺栓固定构造安装工法板材的安装实例

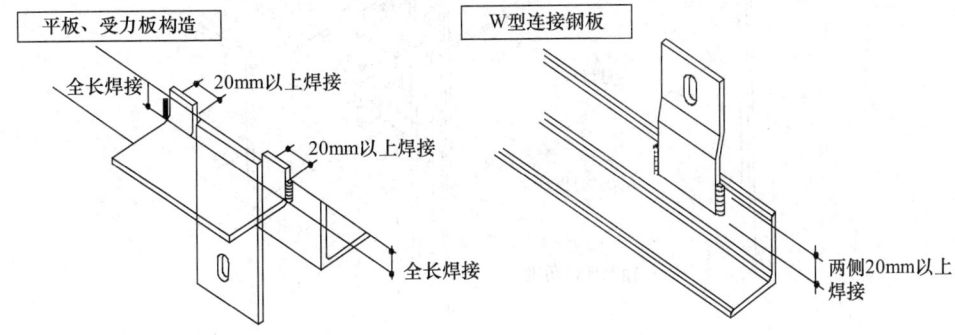

图 7-14　金属构件的焊接长度

（5）滑动连接构造安装工法

滑动连接构造，应注意在板材的上下部分的安装方法不同。

1）一般在板材下部，通过在板间竖向接缝的下部设置的竖向托板位置，安装带有弯钩的接缝钢筋连接。竖缝处根据第 4 章的相关规定进行填充砂浆处理。

板材的重量由竖向托板来承担。但是对于设置了连接梁或混凝土墙或基础等位置处，可以由混凝土表面均匀铺设的砂浆来承担板材重量。

2）在 ALC 板材上部，板材间的竖向接缝处设置的滑动型连接钢板能使连接钢板产生面内变形。

板材安装图如图 7-17 所示，各金属构件的焊接长度如图 7-18 所示。

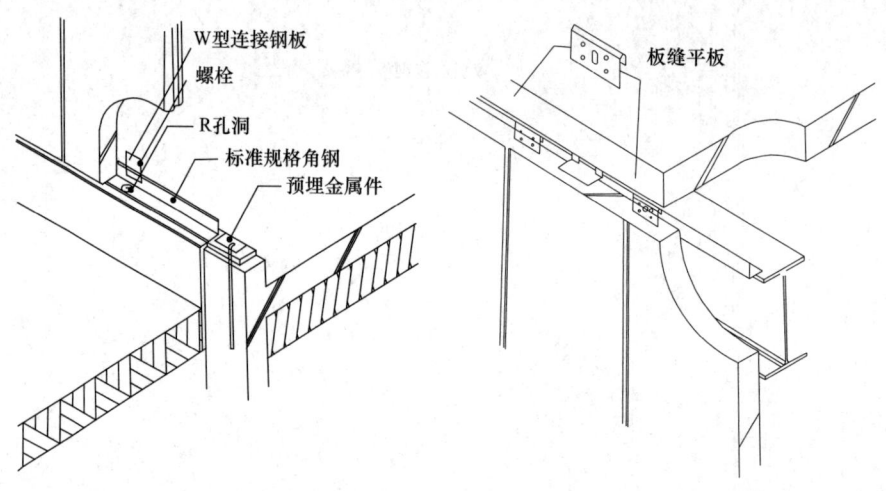

图 7-15　R 设置实例　　　　　图 7-16　带螺栓孔的板材设置实例

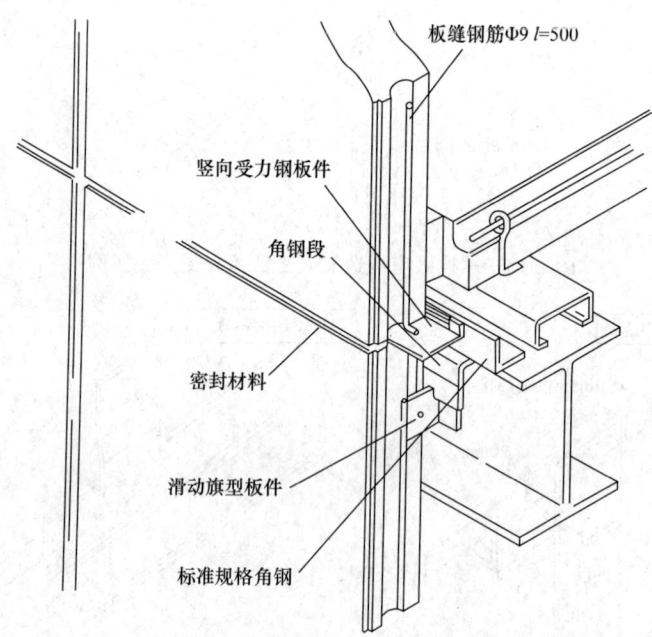

图 7-17　滑动构造法下板的安装实例

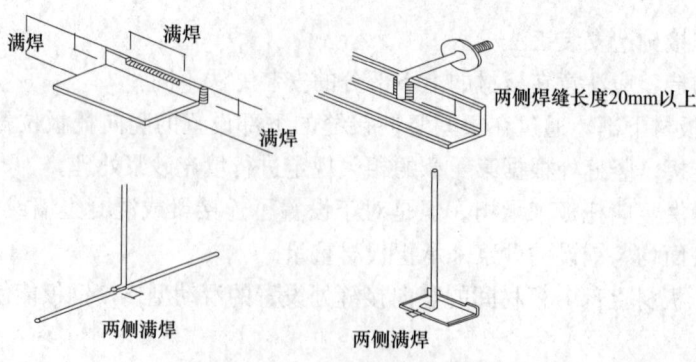

图 7-18　金属构件的焊接长度

在阳阴角处设置的变形缝及女儿墙等处设置的补强钢材和开口处的补强钢材插入部分的变形缝不填充砂浆。但是，该处应该使用螺栓连接和螺栓垫板进行连接（图 7-19）。

板材上部的安装构造应该满足使板材能够产生面内变形的要求。

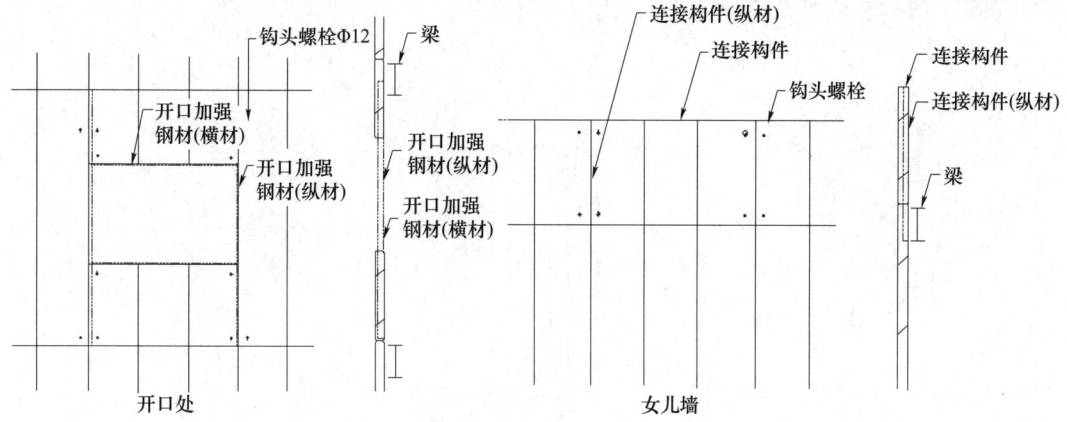

图 7-19　使用螺栓固定的安装示例

7.3.3　ALC 板横向连接形式的安装

（1）确认 ALC 板的内外面，确保预留板缝进行安装。

（2）ALC 板的纵缝及设置承受自重的连接钢材的横缝时，设置变形缝。

（3）ALC 板的安装，通过设置槽孔，通过钩头螺栓等金属连接件，安装在连接角钢上。

说明：

确认板材的内外面。用于外墙的板材，主要受风荷载等面外荷载，应通过安装标准规格角钢等基础钢材，将荷载传递到梁、柱等框架结构上。因此，为了保证正向风荷载传递到主体结构上，横向放置的板材与连接钢材的搭接长度应保证在 30mm 以上。

阴阳角处。竖向变形缝及板材短边开口的接合处的竖向焊缝，根据施工需要设置 10～20mm 的变形缝。并且，在承担横向设置钢材的自重的横向接缝处，为了防止上部板材的重量传递到下部而应设置变形缝（图 7-20）。

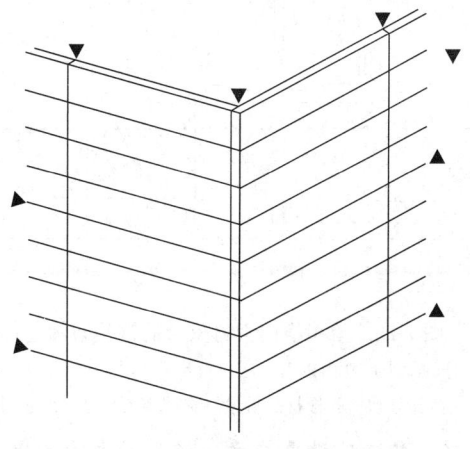

图 7-20　横向板材中变形缝的设置

▼：表示变形缝

在与基础相连的部位，应在混凝土的上表面和板材间设置10～20mm的变形缝，板材的自重应由钢骨架承担。

横向设置板材中，应该设置承担板材自重的钢材来有效支撑板材的叠放，以承担层数在5层以下的板材的重量（图7-21）。

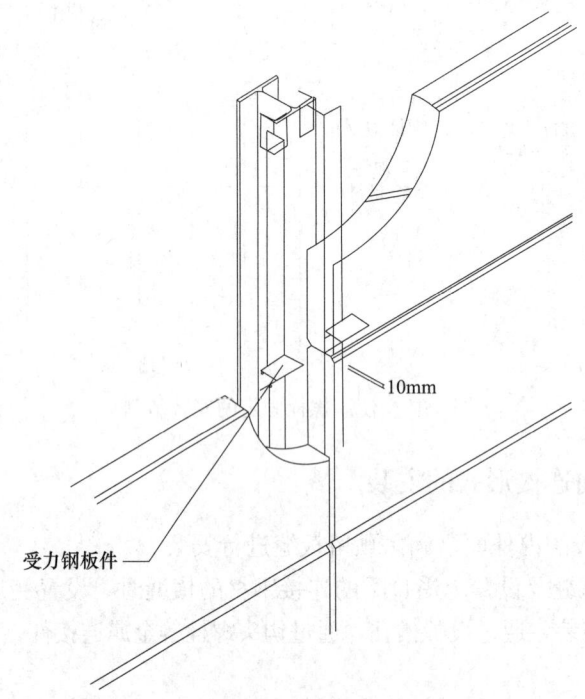

图7-21　承受板材重量的钢材设置实例

承受板材重量的钢材面积，应使板材安装部位局部产生的压应力小于0.8MPa，且不发生由于板的自重产生过大变形。当在地震荷载作用下，结构变形较大时，或者当主体结构经常出现微振动时，应设置能承受叠放3层以下ALC板重量的钢骨架（图7-22）。

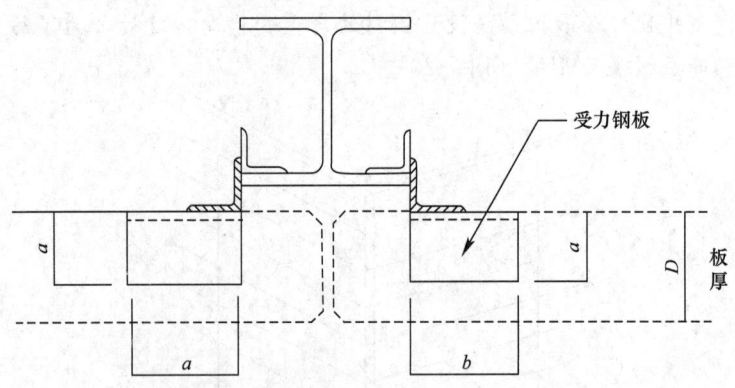

图7-22　承担横向板材重量的钢骨架构造

注：受力钢板件的板材支撑部分的最小尺寸由以下方法进行计算：$a \geqslant 3/5D$，$b \geqslant 50$mm 且 $R/a \cdot b \leqslant 0.8$N/mm²

其中，R：支撑部分承担的板材的重量，根据需要可增加肋板等进行加强。

承担板材重量的钢骨架，其安装精度应该使板材的支承面保持水平。

板材在安装时，板材梁端设置预埋孔，使板材等通过膨胀螺栓与钢骨架连接（图7-23）。

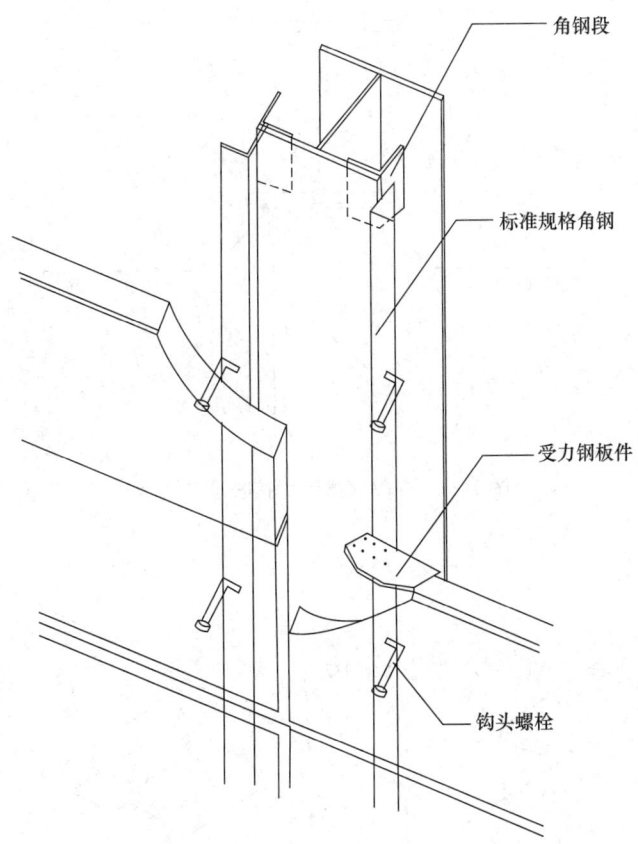

图 7-23　螺栓固定构造安装工法中板材的安装示例

7.4　内墙

7.4.1　内隔墙洞口处补强钢材安装

（1）连接角钢应安装在承重构件上。

（2）窗及出入等洞口处周围，设置开口用补强钢材。

说明：

ALC 板内墙连接钢构件的位置及精度，对 ALC 板面的精度及板材在安装固定时的可操作性有很大影响，所以安装钢构件位置及精度较为重要。规格角钢等连接构件和内墙板用槽型钢连接构件，焊接在钢框架上时，连接构件的焊接长度和间隔如图 7-24 所示。压型钢板的下表面与连接构件相连时，以及连接钢材与压型钢板的凹槽方向平行时，连接钢材在安装固定前，需要首先使用平板等钢材与压型钢板的下表面通过螺栓等安装固定。压型钢板下连接钢材的安装示例如图 7-25 所示。内隔墙板在安装固定时，内隔墙板用槽钢或 L 型金属件等，通常情况下采用厚度较薄的薄钢板进行焊接，应该注意焊条的选择和焊接电流。

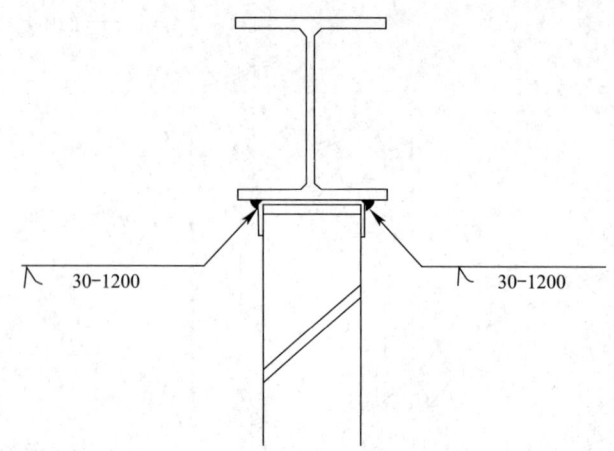

图 7-24　内隔墙槽钢焊接长度和间隔

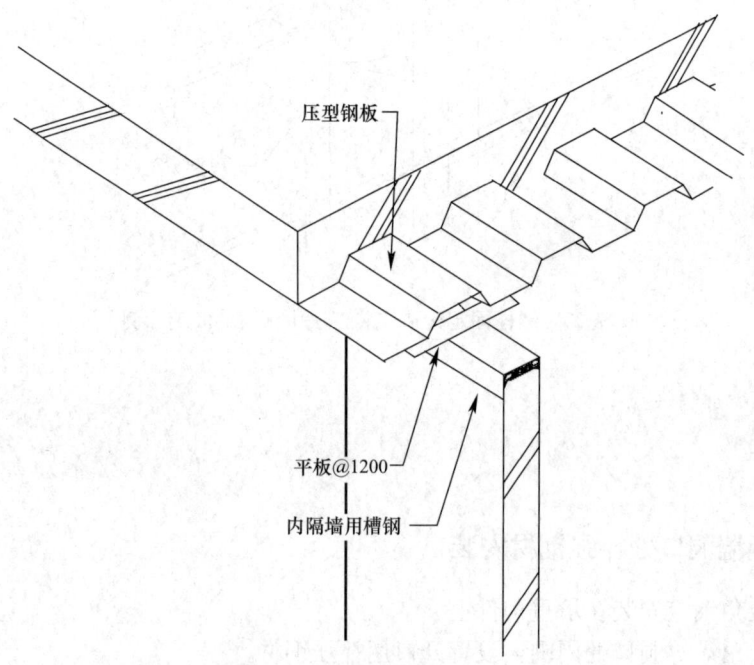

图 7-25　压型钢板的连接钢材安装示意图

　　设置出入口的开洞位置，为了支撑洞口处及开洞部位周围的板材，应该安装补强钢板或开口处金属连接构件。洞口处两侧的补强钢材竖向钢材上部在安装时，为了不妨碍板材的滑动，应使补强钢材面内有一定的滑动能力。竖向钢材的下部，在楼板处一定要设置钢板，通过焊接手段进行安装。

7.4.2　ALC 板材的安装

　　（1）在安装过程中应保证足够的板材搭接长度。

　　（2）阳角、阴角等板材的纵向缝隙及外墙、柱、梁与板材之间设置变形缝。

（3）底脚钢板连接安装工法中，通过下列方法进行固定：

1）板材下部通过底脚钢板与楼板固定。

2）板材的上部在设置时应该保证板材的面内可动性。

（4）预埋钢筋连接安装工法通过以下方法固定：

1）板材的下部，竖缝内填充灰浆，预埋插缝钢筋安装固定在楼板上。

2）板材上部，在保证 ALC 板面内方向的可动性的前提下，通过预埋钢构件进行安装固定。

（5）锚固钢筋构造安装工法、滑动连接构造安装工法和螺栓固定构造安装工法中，板材的安装应按 7.3 的相关规定执行。

说明：

按照施工图并确认开口位置进行板材安装。内墙用 ALC 板在安装时，因为需要承担板的面外荷载作用，搭接长度应＞20mm（图 7-26）。且为了协调板材上部的梁及楼板的弯曲变形和徐变，板材上部在安装过程中设置 20mm 的缝隙。

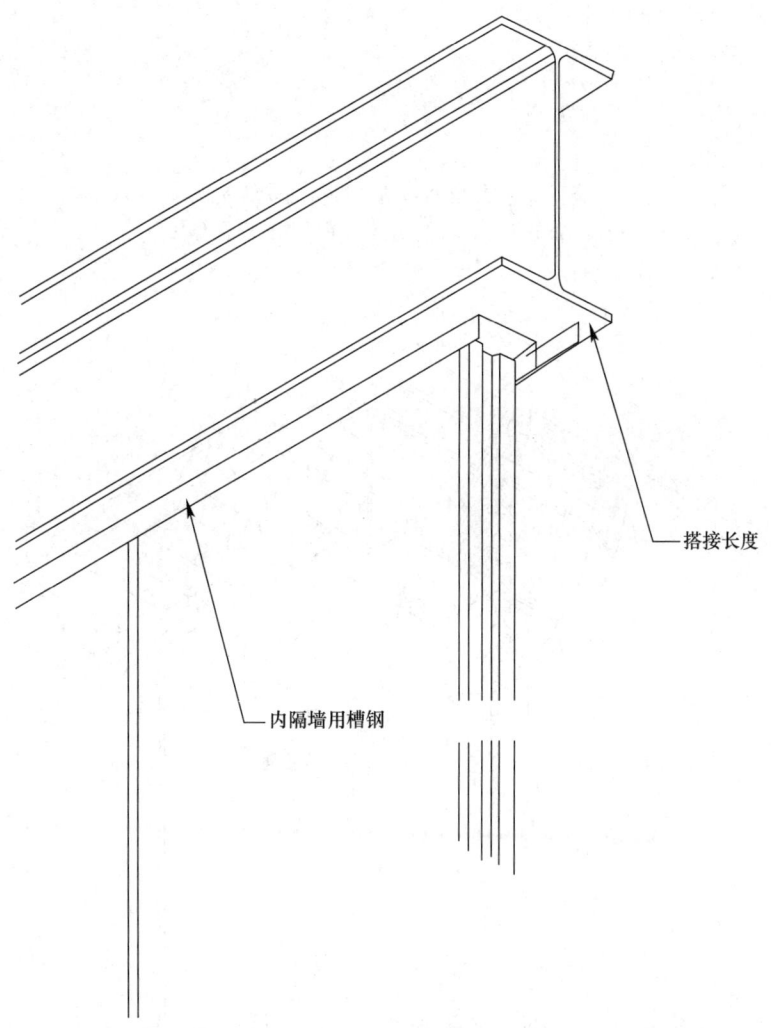

图 7-26 板材上部的搭接长度

　　阴阳角处的竖向板缝及外墙和柱等与板材间，设置宽度为 20mm 的板材变形缝。在变形缝处板材的下方，使用膨胀螺栓或者底脚板进行固定。阳角或阴角处板材下部安装案例如图 7-27 所示。用螺栓进行固定时，螺栓的位置应该在距板材短边 50mm 以上，距长边 100mm 的位置，且避开板材补强钢筋的位置，开槽深度应在 30mm 左右。对于贯通板材的梁或设备管线周围，也应该设置 10~20mm 的变形缝。贯通板材的梁周围变形缝的设置案例如图 7-28 所示。

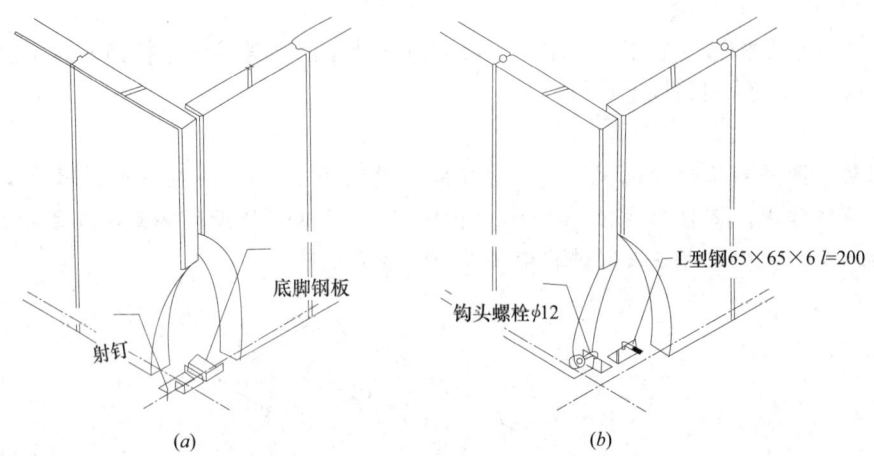

底脚钢板

射钉

L型钢65×65×6 *l*=200

钩头螺栓φ12

(*a*)　　　　　　　　　　　　　(*b*)

图 7-27　阳角和阴角处板材的安装实例

(*a*) 底脚钢板安装方法；(*b*) 钩头螺栓安装方法

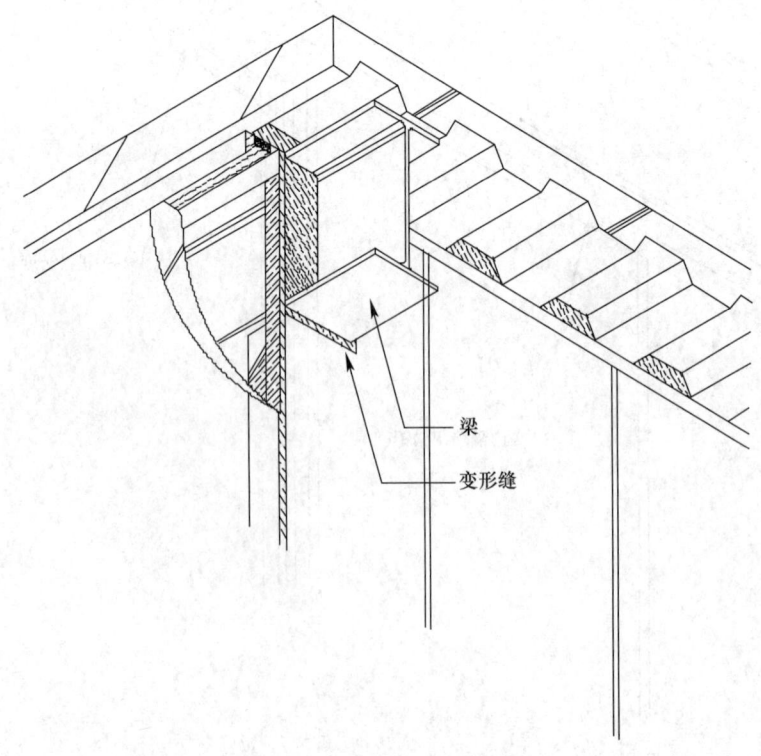

梁

变形缝

图 7-28　贯通板材的梁周围变形缝的设置案例

1. 底脚钢板连接安装工法

（1）板材的下部，板材的短边开口位置处应该预埋底脚钢板，并植入螺栓等使底脚钢板固定在楼板上（图7-29）。

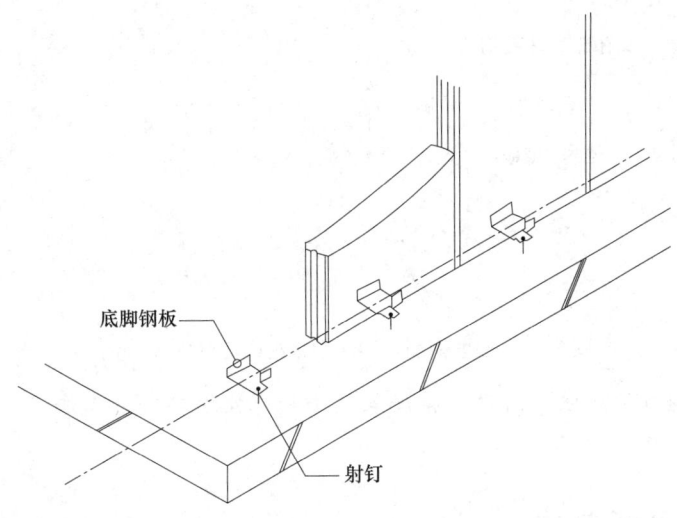

图7-29 底脚钢板构造法板材下方安装案例

（2）板材上部在安装时，应该保证板材在面内的可动性。安装方法包括内墙用槽钢、内墙用L型金属构件及采用标准规格角钢3种方法（图7-30）。

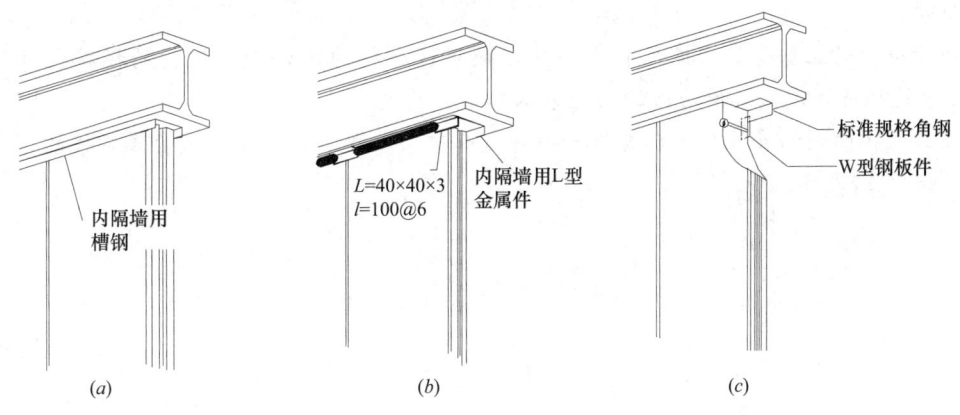

图7-30 内墙板用的墙板上部安装方法

（a）内隔墙使用槽钢例；（b）内隔墙使用L型金属件例；（c）标准规格角钢及螺栓连接例

2. 预埋钢筋构造安装工法

（1）板材下部在安装时，应该与板材的切割线相配合打入后施工钢筋，带螺纹的钢筋固定在后施工钢筋处，在纵向缝隙处全长填满填缝砂浆。

作为变形缝的缝隙和插入开口处补强钢筋的板缝位置处不用砂浆填充。即，该处的板材通过螺栓和螺栓垫板来安装固定。

预埋钢筋连接安装工法，板材下方的安装实例如图7-31所示。

（2）板材上方安装方法与底脚钢板构造的连接方法相同（图7-30）。

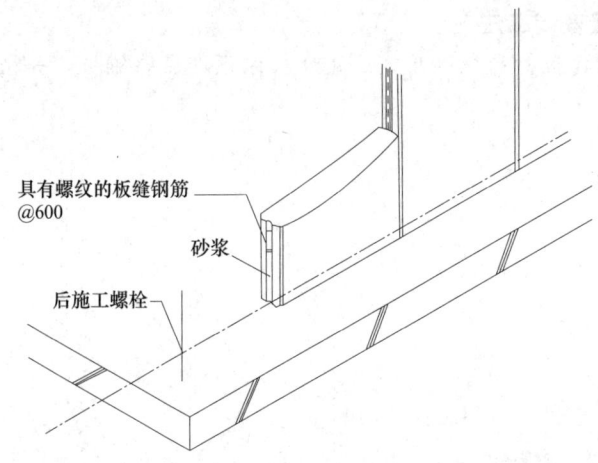

图 7-31　预埋钢筋构造法中板材下方的安装示例

锚固钢筋连接安装工法、滑动连接安装工法和螺栓连接安装工法 ALC 板材的安装可参考 7.3 节进行施工。

7.5　屋顶和楼板安装

（1）确定板材的内外面，保证有效的搭接长度，应有效地进行排板工作。

（2）板材在长边板缝处插入板缝钢筋和填充灰浆并用金属连件安装在连接角钢上。

说明：

由于板材对正负荷载的抵抗能力不同，应确认板材的内外面。板材的搭接长度按照5.3.3 中的相关规定，采用恰当的措施来保证搭接长度。

屋面及楼面处的安装用金属构件一般焊接在次梁或檩条上。安装用金属构件的焊接长度详见图 7-32 所示。

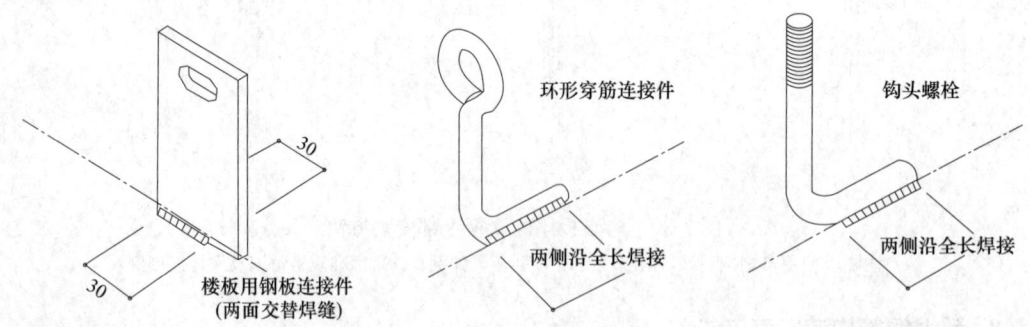

图 7-32　安装用金属件的焊接长度

板材长边的板缝处，用长度为 1000mm 的板缝钢筋穿过楼板钢板的孔洞，为保证平衡两侧各伸入 500mm，铺设在板缝的沟槽内。但是在屋面及楼板边缘及柱边缘等处，应在楼板钢板和金属套环处插入 500mm 的钢筋（图 7-33）。

在屋面和楼面边缘及阶梯教室的边缘，无法通过板缝钢筋来固定楼板的位置，可以使用螺栓和底座钢筋（圆底座钢筋和角底座钢筋）对板材进行固定（图 7-34）。

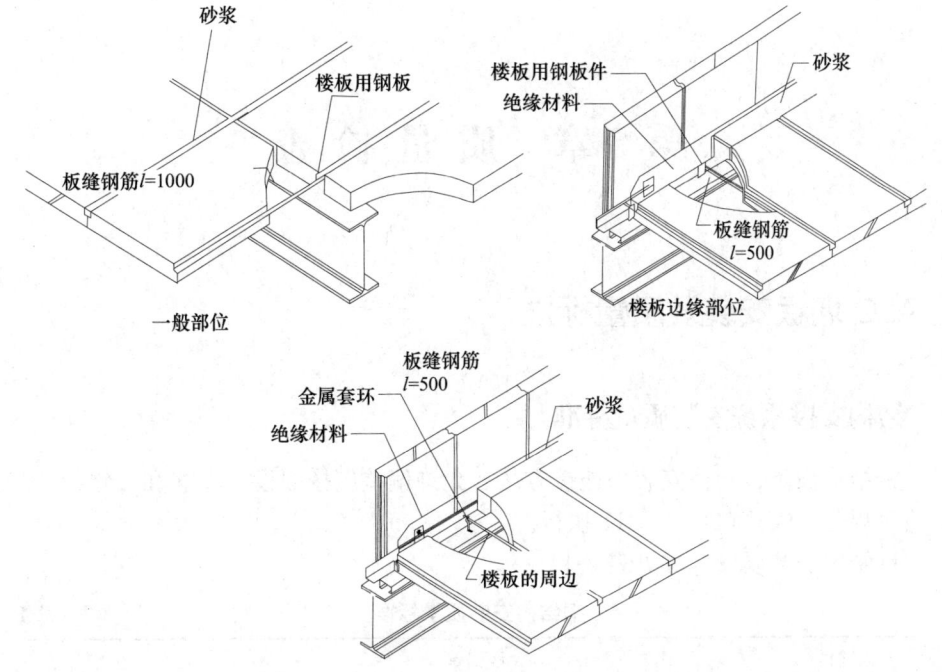

图 7-33 钢筋固定连接安装工法安装示例

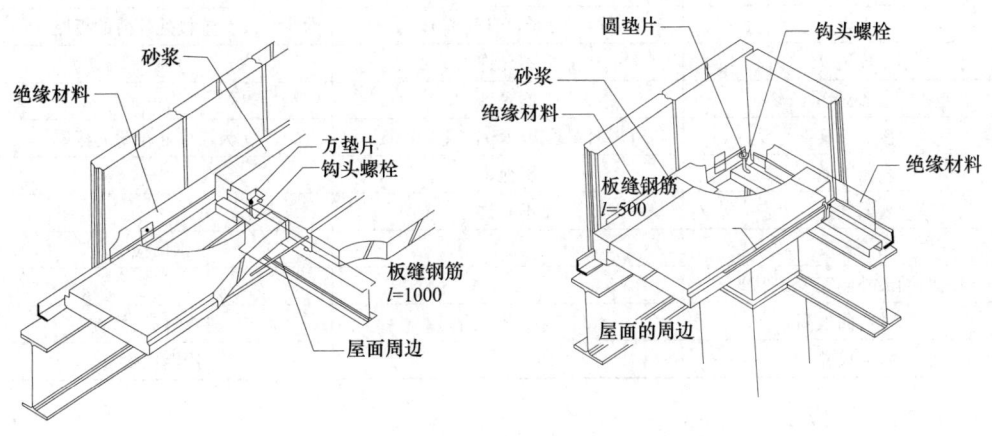

图 7-34 螺栓连接安装工法示例

板材的接缝处由于很容易堆积施工垃圾，在板材安装固定后，对板缝进行清理并迅速用填充板缝砂浆。

在屋面板和楼面板边缘，外墙板和屋面板或楼面板之间产生缝隙，该部位用砂浆或防火材料进行填充。

设置有吊顶的情况下，原则上应该从梁等主体结构上进行吊顶。但不得已时，在屋面板或楼面板的长边板缝间插入专用螺钉进行吊顶施工。此时，应该注意在砂浆填充前，在不破坏板材的前提下，沿着长边板缝插入吊顶用专用螺钉。

第8章 质量检查

8.1 ALC 墙板安装及质量标准

8.1.1 结构支撑系统安装质量标准

（1）钢结构檩条、立柱安装、连接方法、允许偏差应按照设计图样和《钢结构工程施工质量验收规范》GB 50205—2011 执行。

（2）钢结构安装质量标准见表 8-1。

钢结构安装质量标准　　　　　　　　　　　　表 8-1

项目	允许偏差	备注
未焊满（指不足设计要求）	$\leqslant 0.2t+0.02t$，且$\leqslant 1$	t 为连接处较薄的板厚
根部收缩	$\leqslant 0.2t+0.02t$，且$\leqslant 1$	t 为连接处较薄的板厚
咬边	$\leqslant 0.05t$，且$\leqslant 0.05$	t 为连接处较薄的板厚
弧坑裂纹	不允许	—
电弧擦伤	不允许	—
接头不良	缺口深度$\leqslant 0.05t$，且$\leqslant 0.05$	t 为连接处较薄的板厚
表面夹渣	不允许	—
表面气孔	不允许	—
构件长度	±4	钢尺检查
构件两端最外侧安装孔距离	±3	—
构件弯曲矢高	$L/750$，不大于 12	拉线钢尺检查
截面尺寸	+5，-2	用钢尺检查

（3）ALC 墙板安装允许偏差

ALC 墙板安装允许偏差见表 8-2。

ALC 墙板安装允许偏差　　　　　　　　　　　　表 8-2

项次	项目名称	允许偏差	检测方法
1	轴线位置	3	经纬仪、尺量、拉线
2	墙面垂直度	3	2m 拖线板、全高经纬仪、吊线
3	板缝垂直度	3	2m 拖线板、拉线
4	板缝水平度	3	拉线、尺量
5	表面平整度（包括拼缝高差）	3	2m 靠尺、塞尺
6	洞口偏移	±8	尺量
7	墙顶标高	±15	尺量

8.1.2　安装质量保证措施

(1) 配备足够的施工人员，做好岗前培训，明确分工，明确责任，赏罚分明。

(2) 施工前由技术人员做好交底工作，交底内容包括图样的设计意图、施工的技术要求、质量偏差和标准，每位施工人员做到心里有数，严格按照图样施工。

(3) 设置质量控制机构，设置专职检察人员，上道工序验收合格后才能进行下道工序施工。

(4) 质量检查人员做好过程监控，发现问题要反馈技术部门，图样不明确或特殊部位、施工难点要做出技术方案才能施工。

(5) ALC 墙板施工前要做好图样的设计排版，同时根据钢结构图样核对檩条尺寸设置是否合理，保证蒸压轻质加气混凝土墙板上预埋件的埋设位置距板端最小 80mm，最大位置 900mm。在安装钢结构檩条时要相符才能进行施工。

(6) ALC 墙板作为一种非承重墙，有着优越性能，但是由于材质原因，其表面、边角很容易破损、掉角、被污染等，因此必须做好蒸压轻质加气混凝土墙板的运输、包装、保存，尤其是运输和吊装施工，板下部必须放置木质托盘，必须对叉车的叉杆垫木板或橡胶垫进行缓冲，吊点部位也要做好保护。施工时吊装就位很容易碰到钢檩条及钢梁、钢柱等，因此施工人员要配合好，协调好，做好板的接送和就位。

(7) 墙板安装前应根据图样做好测量放线，确定板的位置、板缝位置、托板位置，实际放线结果要根据图样尺寸进行核实，发现尺寸有偏差或不符合图样尺寸应找设计方进行解决。同时要检查上下檩条的位置是否在同一水平线上，保证安装板面的平整度。

(8) 在安装 ALC 墙板前要检查板的质量，板的连接件及焊条、托板等必须要选用合格产品，所有主材及辅助材料必须有出厂合格证，在使用前检查连接件等是否有破损情况，不合格的材料严禁使用，蒸压轻质加气混凝土墙板破损严重时禁止使用，掉边掉角等情况要在下面修好，强度合格后才允许吊装使用，有露筋的及表面不平的板不得使用。

(9) 板安装时要根据尺寸线安装，同时要用线坠检查垂直度，用靠尺检查平整度，合格后才能进行焊接作业。

(10) ALC 墙板是由钢结构主体结构支撑，为了调节主体结构的安装误差，有时在蒸压轻质加气混凝土墙板和主体结构间留出 30mm 空间，为了保证墙面的平整度，可以通过 30mm 来调节。当结构尺寸和做法等原因造成墙板和结构空间的空隙过大，连接角钢无法连接在结构上时，可以另加支撑的构件将连接角钢移到安装位置。

(11) 墙板安装应采用两端支撑，任何情况下墙板的挑出长度应≤6 倍板厚。

(12) ALC 墙板是由定位角钢直接支撑，并通过它传递给结构主体，为了确保有效进行连接和传递荷载，必须保证 30mm 以上的搁置尺寸。

(13) ALC 墙板外墙在温度变化、差异沉降、风载、地震作用等外力作用和结构主体变化的影响下会产生拉伸、错位等位移，为了防止墙板在这些作用下损坏，应沿一定距离设置 10～20mm 的膨胀缝。

(14) 焊点位置及焊缝长度应严格按照设计图样说明。焊缝及连接件及时刷好防锈镀锌漆。

(15) 板安装完毕后要做好成品保护工作，严禁其他专业施工时破坏，对于安装完的板要及时修补及勾缝。

（16）做好验收工作及资料的整理存档。

8.2 外墙板饰面防水涂层质量控制及标准

ALC 墙板是以生石灰、硅砂、水泥等为原料，以铝粉为发泡剂，经过一系列工艺流程，最后在高温、高压蒸汽养护下所获得的多孔硅酸盐制品；与普通的砂浆、混凝土一样都属于具有碱性的建材，其表面极大、吸水率高。若 ALC 墙板长期暴露在空气中，会因遭受二氧化碳、二氧化硫等侵蚀风化，降低 ALC 墙板本身的耐候性，导致使用寿命降低，从而影响其实用功能。所以，要求对 ALC 墙板的饰面进行处理，所采用的饰面处理材料应具有耐候性好，耐老化性能高的特点，使其包裹覆盖于 ALC 墙板表面，以免受空气中有害物质的损害。

外墙板饰面的处理方法有多种，一般采取粉刷防水涂料作为最终面漆、覆盖金属装饰板、干挂石材饰面板和粘贴普通瓷砖等。选择防水材料的施工工艺，不仅能有效提高工程施工进度，还能充分利用涂料特性，有效防止靠近海岸附近建筑物被富含盐分的雨水侵蚀风化外墙板。因此对外墙板饰面处理不当将容易造成外墙板饰面开裂、剥落，导致外墙板进一步开裂、剥落、钢筋锈蚀，影响建筑物的耐久性和安全性及其装饰效果。外墙板饰面的装饰效果不仅取决于涂料产品本身性能，重要的是其施工技术和与此相配套的工艺技巧，所以必须从对饰面涂料产品的质量控制及施工工艺的控制两方面着手。

8.2.1 严格控制 ALC 墙板饰面防水涂料产品质量

首先，充分理解设计施工意图及其相关设计文件，弄清使用功能，优先选用通过质量认证的产品或绿色环保产品；其次，从材料进场开始与水泥、钢筋等建材一样对来料进行抽样检查其品种、颜色是否符合设计施工要求，并要求出示产品性能检测报告和产品合格证书，主要指标是施工性能、干燥时间、耐水性、耐碱性、耐刷洗性等。对来料分类堆放、标志，专人负责，建立材料进场验收制，切实把好饰面涂料产品质量关。

8.2.2 严格执行施工工艺操作程序

墙板饰面防水涂料质量控制流程如图 8-1 所示。

（1）施工前的准备工作。

外墙施工前，应计算所涂刷的面积，确定外墙涂料用量，并在订购时考虑适当的消耗量及修补量，一次性采购，以保证外墙体色泽一致，避免后期修补时出现色差。外墙涂料应按"一底两面"的要求（一道底涂料、两道面涂料）施工，也可根据工程的实际要求，适当增加面涂遍数。

（2）"工欲善其事，必先利其器"为了保证外墙板涂料的粉刷质量，首先必须有专用的粉刷工具，如辊筒、排笔、刮板以及辅助高空作业的专用升降车。合理的组织、分配好施工工人，以组为单位，责任到人，层层把好质量关。对工人进行技术培训指导，技术交底，并根据涂料产品说明书详细讲解涂料的使用注意事项，包括涂料保存方式方法、储藏方式等使用安全注意事项。若使用现场配制涂料，必须特别说明配制所使用的原料的分量、比例。对施工工人进行安全教育专项培训，施工过程中必须带好防护手套，避免涂料沾污皮肤，利用专用升降车进行高空作业时，必须戴好安全帽，系好安全带等。

8.2.3 正确掌握温度、湿度，选择适当的施工环境

各种涂料均需在一定的温度条件下才能形成连续膜，因此它对施工环境要求较高，适宜的温度有利于涂料的干燥、成膜，如果施工时环境温度过高或过低，均会降低涂料的技术指标，会造成涂料的成膜不良，以至于无法做到表面均匀，从而产生涂膜龟裂、粉化，遇水脱落，影响建筑物外观和饰面的寿命。

（1）如新加坡环球影视城项目地处热带地区，气候、温度适宜，常年气温变化不大，一般在 23℃～31℃之间，有利于涂料成膜。

（2）对地理环境特殊，时常遇有阵雨时，必须配备防雨设施，避免未干燥完全的涂料雨水冲刷，影响涂料的质量。

8.2.4 严格控制基层的施工质量

由于抗碱封底漆具有封闭外墙的碱性，提高面涂料与墙面的附着力，增强面涂料的遮盖力，防止面涂层发花等。因此，在涂刷涂料之前，外墙必须经过合理养护后再用刷或辊涂进行封闭底漆处理。

（1）抓好外墙板安装施工质量，确保外墙板基材有合理的养护时间。

（2）确保外墙板面平整度、清洁度，严禁外墙板面破损、开裂。

（3）控制基层含水率不得大于 8%，涂刷水性涂料时基层含水率不得大于 10%。

（4）保证涂料与基层的粘结力，以及基层不出现起皮、空鼓、开裂等现象。

（5）保证修补部位基层的坚实、牢固与平整，避免影响涂料粉刷质量。

（6）确保基层饰面无污染，清洁过的部位应待其干透后才能粉刷。

墙板饰面防水涂料质量控制流程如图 8-1 所示。

8.2.5 注意事项

（1）认真检查，确保阴阳角粉刷到位，避免漏刷、少刷。

（2）规范施工工艺，严格控制涂料涂量，涂层不得过薄或过厚，过薄易造成透底，过厚易产生脱落、流挂，影响饰面感观效果。

（3）严格控制每道涂料粉刷间隔时间，粉刷下一道饰面涂料时，必须在上一道涂料干燥的表面上进行，每道涂料施工间隔 4h 左右，夏季在 2h 以上，具体可参照各种涂料的产品说明书执行。

（4）控制涂料的接槎位置，必须留在分隔缝和阴阳角处，不能任意留槎以致影响美观。

（5）注意成品的保护，防止二次污染和人为的碰、划、刮、擦。

（6）控制适宜的稠度，稠度大超量加水会使涂层成膜困难，降低涂层光泽、遮盖力及耐久性。因此，必须在涂料使用前充分搅拌均匀，并按使用说明书要求组织施工，切记随意加水或加色，并在规定时间内用完，否则会降低其技术指标，影响其施涂质量。

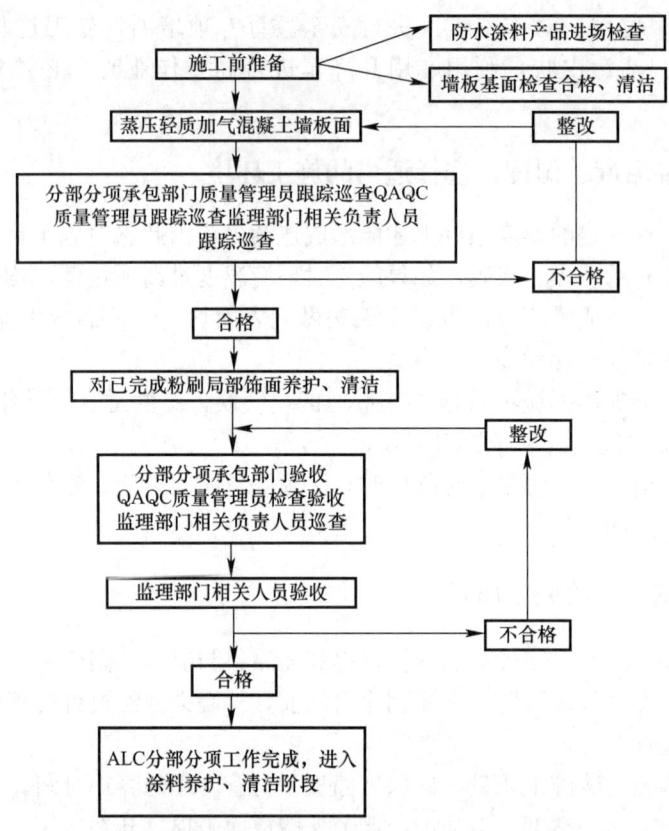

图 8-1 墙板饰面防水涂料质量控制流程图

8.2.6 验收标准

涂料工程应待涂层完全干燥且养护期满后方可进行验收，验收时，应检查所用材料的品种、型号、材料合格证、基层验收资料。颜色应符合设计或用户选定的要求，同一墙面色泽均匀，不得漏涂，不得沾污。在同一墙面的涂料接槎处，不宜出现明显接痕。具体验收标准见表 8-3。

外墙涂料涂饰质量和检验方法 　　　　　　　　表 8-3

项次	项目	普通涂饰	中级涂饰	高级涂饰	检验方法
1	颜色、刷纹	颜色一致	颜色一致	颜色一致、无刷纹	
2	泛碱、咬色	不允许	不允许	不允许	
3	流坠、疙瘩	允许少量	允许少量轻微	不允许	
4	砂眼、针孔	允许少量	允许少量轻微	不允许	
5	漏刷、透底	不允许	不允许	不允许	观察
6	光泽	—	较一致	均匀一致	
7	开裂	不允许	不允许	不允许	
8	反锈、掉粉、起皮	不允许	不允许	不允许	

续表

项次	项目	普通涂饰	中级涂饰	高级涂饰	检验方法
9	装饰线、分色线直线度允许偏差	偏差不大于 5mm	偏差不大于 3mm	偏差不大于 1mm	拉 5m 线，不足 5m 拉通线，用钢直尺检查
10	与其他装饰材料衔接处	界面应清晰洁净	界面应清晰洁净	界面应清晰洁净	观察

注：此标准参考《建筑装饰装修工程质量验收规范》GB 50210—2001。

（1）主控项目

1）查看涂料工程的施工图、设计说明及工地其他设计文件。

2）涂料装饰工程所用涂料的品种、型号和性能应符合设计要求。检验方法：检查产品合格证书、性能检验报告和进场验收记录。

3）涂料装饰工程应涂饰均匀、粘结牢固，不得漏涂、透底、起皮和掉粉。检验方法：观察；手摸检查。

4）查看施工记录。

（2）验收、检查数量规定

1）室外涂饰工程每一栋楼的同类涂料涂饰的墙面每 500～1000m² 应划分为一个检验批，不足 500m² 也应划分为一个检验批。

2）室外涂饰工程每 100m² 应至少检查一处，每处不得小于 10m²。

8.3　外墙板开洞质量控制标准

外墙板开洞大致可以分为两种情况，一种是大尺寸开洞，必须先切割完外墙板再进行安装，如门窗洞口、大型设备管道洞口；一种是设备管线、管道开洞，属于后开洞，一般都是整板安装完了再进行开洞。

基本工作步骤如下：

1）熟悉施工图样，确认各洞口尺寸、定位；详细了解施工方案文件。

2）确认洞口加固钢结构辅助型号、用量，选用质量合格产品。

3）对钢结构辅件进行进场验收，检查材料合格证书、材料性能检测报告，分类储藏并做好进场验收记录。

4）根据洞口修补所使用的材料，PE 棒、发泡剂、勾缝剂、密封胶等产品进行进场验收，检查材料合格证书、材料性能检测报告，并根据产品保存方法分类储藏，做好进场验收记录。

5）培训施工队伍，包括新型工具的使用方法培训，明确分工，责任到人，确保施工质量。

8.3.1　洞口施工质量控制

（1）门窗洞口质量控制

1）以施工设计图样为依据，现场准确定位门洞，包括尺寸及定位的复核。

2）在门洞准确定位的基础上，准确定位加固钢结构辅件，放样，焊接。在焊接过程中专人检查辅件的垂直度和水平度，避免施工过程中出现较大误差，影响洞口尺寸精度。

3）严格执行 ALC 墙板安装质量标准中钢结构安装质量标准，严格控制辅件的焊缝质量及安装标准，使施工误差在允许范围内。

4）规范 ALC 墙板切割方法及允许的尺寸偏差，切割面应平整，误差不大于 2mm。

5）洞口周边外墙板材的安装应严格按照 ALC 墙板安装质量控制标准执行。

6）切割板材前应把洞口周边相关板块尺寸放样完毕，方可切割，以起到板块间尺寸复核作用。

（2）设备管线洞口质量控制

1）以设计施工图样为依据，现场准确放洞口样，包括尺寸及定位的复核。

2）必须使用专用的开孔工具设备，施工人员要有专门培训指导。

（3）开洞尺寸允许施工误差见表 8-4。

开洞尺寸允许施工误差 表 8-4

项目	洞口尺寸（mm）		
	≤500	500～1000	>1000
允许偏差（mm）	±2	±3	±5

8.3.2　洞口后期修补质量控制

1）根据洞口修补施工方案要求，严格规范施工工艺。

2）严格执行施工步骤，内墙面勾缝剂→填充发泡剂（岩棉）→放置 PE 棒→打密封胶。

3）勾缝剂、发泡剂、密封胶等材料在使用前必须查看产品保质期，避免使用过期老化产品。

4）开启的密封胶必须在规定的时间内一次性使用完毕，配制的勾缝剂也必须在规定的使用时间内用完，以免影响粘结力。

5）洞口周边板块不能有破损、缺角。

6）洞口周边修补的填充材料，充满设备、管道与外墙板材缝隙，发泡剂应填满距板面 20mm 位置，PE 棒应当放置在距板面 15～20mm 的位置，密封胶必须打到与板面平。

7）勾缝剂和密封胶的周边与其他装修材料的衔接界面处应清除干净。

8.4　质量控制验收表

（1）ALC 墙板结构支撑体系质量验收表见表 8-5。

（2）ALC 墙板产品质量验收表见表 8-6。

（3）ALC 墙板系统安装质量验收表见表 8-7。

（4）ALC 墙板防水系统（密封胶和油漆）质量验收表见表 8-8。

（5）ALC 墙板开洞质量验收表见表 8-9。

ALC 墙板结构支撑体系质量验收表　　　表 8-5

工程名称		分项工程名称		检验批量	
施工单位				检验地点	
施工执行标准 名称及编号				项目经理	
分包单位		分包项目经理		施工班组长	

		质量验收规范的规定		施工单位检查评定记录	监理（建设）单位验收记录
控制项目	1	构件验收			
	2	垂直度和侧弯曲			

施工单位检查评定结果	项目专业质量检查员：　　　　　　　　　　年　月　日
监理（建设）单位验收结论	监理工程师 （建设单位项目专业技术负责人）　　　　　　年　月　日

ALC 墙板产品质量验收表　　表 8-6

工程名称		分项工程名称		检验批量	
施工单位				检验地点	
施工执行标准 名称及编号				项目经理	
分包单位		分包项目经理		施工班组长	

		质量验收规范的规定		施工单位检查评定记录	监理（建设）单位验收记录
控制项目	1	产品质量合格证明文件			
	2	力学性能指标			
	3	板材密度			
	4	板材厚度			
	5	板材长度			

施工单位检查评定结果

项目专业质量检查员：　　　　　　　年 月 日

监理（建设）单位验收结论

监理工程师
（建设单位项目专业技术负责人）　　　　年 月 日

ALC墙板系统安装质量验收表 表 8-7

工程名称			分项工程名称			验收部位	
施工单位						项目经理	
施工执行标准 名称及编号							
分包单位			分包项目经理			施工班组长	

		质量验收规范的规定		施工单位检查评定记录	监理（建设）单位验收记录
控制项目	1	轴线位置			
	2	墙面垂直度			
	3	板缝垂直度			
	4	板缝水平度			
	5	平整度（包括拼缝高差）			
	6	洞口偏移			

施工单位检查评定结果	项目专业质量检查员：　　　　　　　　　　　　　年　月　日
监理（建设）单位验收结论	监理工程师 （建设单位项目专业技术负责人）　　　　　　　　年　月　日

ALC墙板防水系统（密封胶和油漆）质量验收表格　　　　表8-8

工程名称		分项工程名称		验收部位	
施工单位				项目经理	
施工执行标准名称及编号					
分包单位		分包项目经理		施工班组长	

控制项目		质量验收规范的规定		施工单位检查评定记录	
	1	颜色、刷纹			
	2	泛碱、咬色			
	3	流坠、疙瘩			
	4	砂眼、针孔			
	5	漏刷、透底			
	6	光泽			
	7	开裂			
	8	反锈、掉粉、起皮			
	9	装饰线、分色线直线度允许偏差（mm）			

施工单位检查评定结果	
	项目专业质量检查员：　　　　　　年　月　日

监理（建设）单位验收结论	
	监理工程师 （建设单位项目专业技术负责人）　　　　年　月　日

ALC墙板开洞质量验收表 表8-9

工程名称		分项工程名称		验收部位	
施工单位				项目经理	
施工执行标准名称及编号					
分包单位		分包项目经理		施工班组长	

控制项目		质量验收规范的规定		施工单位检查评定记录	
	1	洞口尺寸			
	2	洞口位置			
	3				
	4				
	5				
	6				
	7				
	8				
	9				

施工单位检查评定结果

项目专业质量检查员： 年 月 日

监理（建设）单位验收结论

监理工程师
（建设单位项目专业技术负责人） 年 月 日

附录1　ALC 板外墙连接构件的设计案例

1.1　连接形式

连接节点分为上节点和下节点，如附图 1-1 所示。连接节点包括：工字型钢梁、ALC 外墙板、通长角钢、高强螺栓和螺母、Z 形连接板。高强螺栓预埋在 ALC 墙体短边中间部位，并预先在工厂内将角钢与上、下连接件焊接牢固，上、下 Z 形连接板预先在工厂内做好并将螺栓孔冲切完毕。

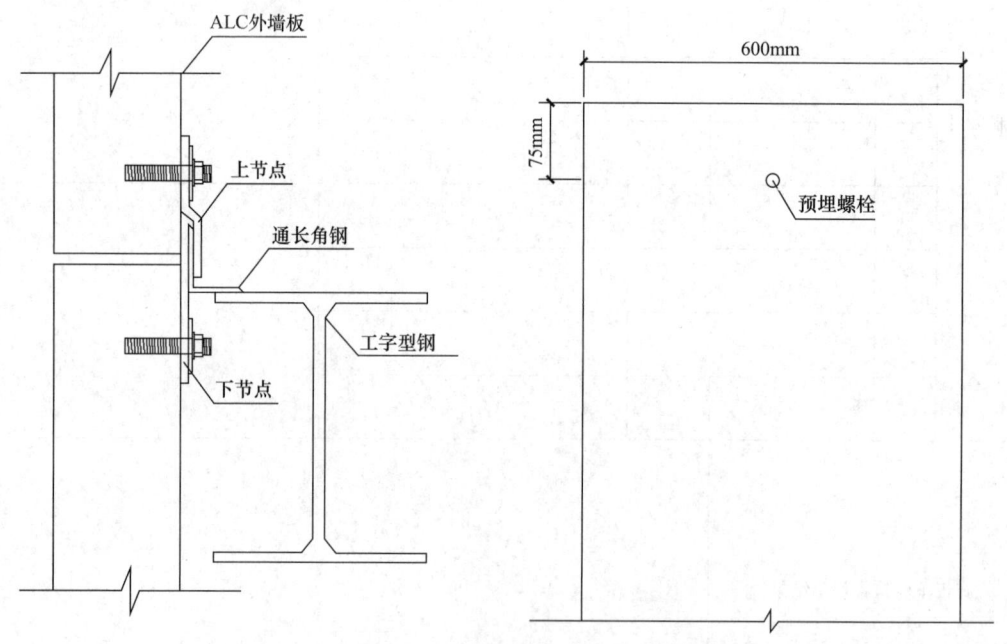

附图 1-1　节点构造及其在墙板上的布置方案

1.2　本连接形式的优点

本连接节点与国内外图集及专利开发的连接节点相比，未将外墙板贯通开洞，减小了热、冷桥效应并保持了外墙板的整体性；与国内类似连接相比，本连接节点具备外墙板与钢架协调变形的能力，提高了其本身的受力性能；本连接节点使现场施工量大大减小，克服了已有节点仅靠连接节点的强度抵抗外力作用的缺点，增强了其本身的抗震性能；与日本类似连接节点相比，本连接节点可以使外墙板与框架的随动性更灵活，适应多水准抗震设计。

1.3　连接构件尺寸设计

1.3.1　连接构件的初步拟定

　　根据板厚不同连接节点的上、下连接件的尺寸不同，高强螺栓预埋在 ALC 板内的长度也会发生变化，具体数值见附表 1-1 所示。但是焊接在钢梁上的角钢尺寸不变，不同板厚高强螺栓预埋在 ALC 板内的长度约为板厚的 1/2，开发连接件采用 Q345 级钢材制造，螺栓采用直径为 14mm 的高强螺栓。连接件的详细尺寸如附图 1-2 所示。

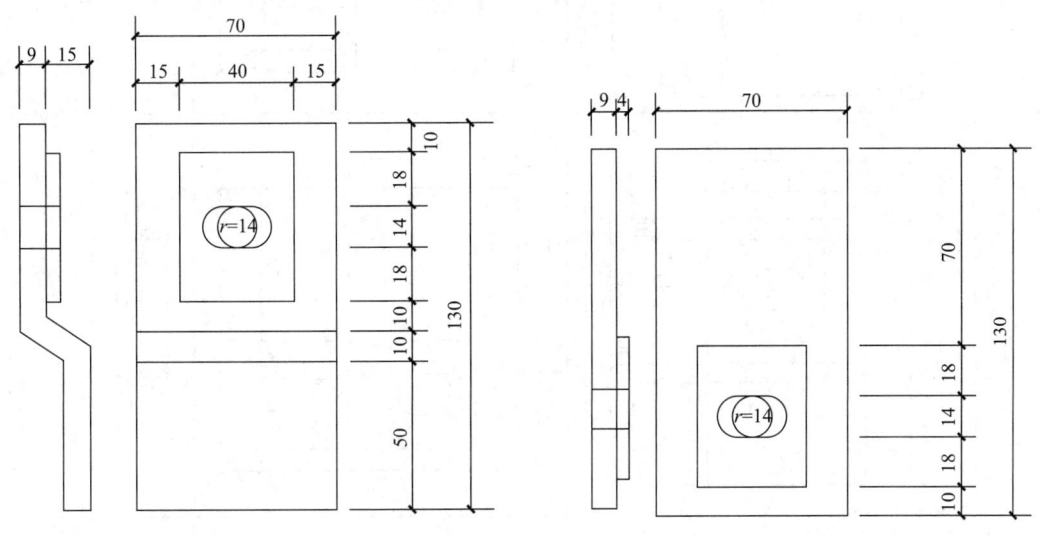

附图 1-2　连接件尺寸

节点设计构件详图　　　　　　　　　　　　　　　　　附表 1-1

连接件	上节点		下节点		螺栓埋深（mm）	板厚（mm）
A					$A=50$	75

连接件	上节点	下节点	螺栓埋深（mm）	板厚（mm）
B				100/125
C				150
D				175/200

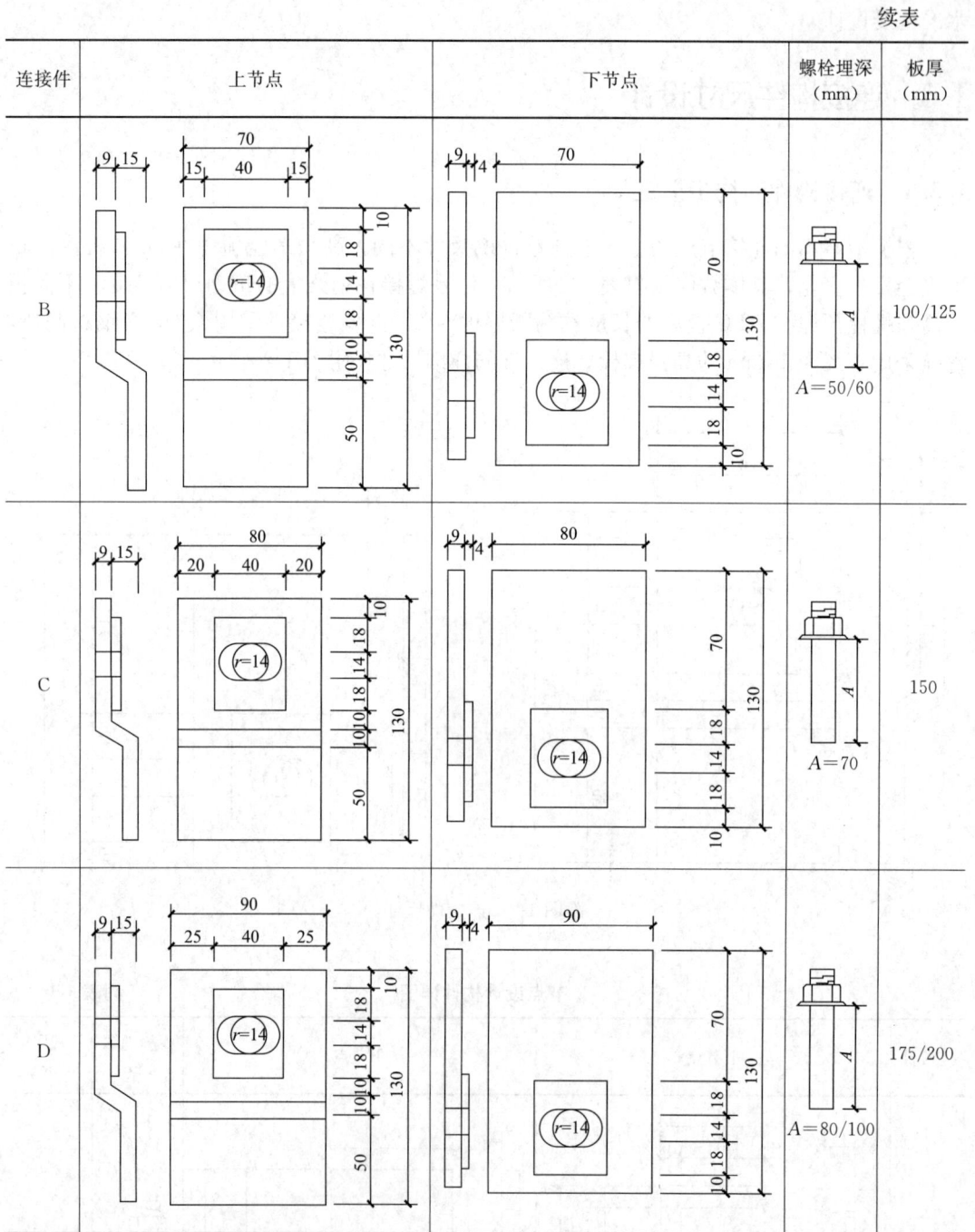

1.3.2 连接构件计算

（1）框架梁端反力计算

《建筑抗震设计规范》GB 50011—2010 中规定，钢结构框架弹性阶段允许层间位移角为1/250，塑性阶段允许层间位移角为1/50。采用结构力学中位移法可以计算单层框架的梁端反力的大小。

用力法算出单跨超静定梁在杆端发生各种位移及荷载等因素作用下的内力；确定结构上作为基本未知量的位移；求出这些位移；分别作出独立结点位移作用时的弯矩图，将 Z_1、Z_2、Z_3 和未知层间反力 F 所引起的刚臂反力偶 R_{11}、R_{12}、R_{13}、R_{1p}、R_{21}、R_{22}、R_{23}、R_{2p}，以及杆件的附加反力 R_{31}、R_{32}、R_{33}、R_{3p}，根据叠加原理计算得到式（1-1）：

$$R_1 = R_{11} + R_{12} + R_{13} + R_{1p} = 0$$
$$R_2 = R_{11} + R_{22} + R_{23} + R_{2p} = 0 \qquad (1\text{-}1)$$
$$R_3 = R_{31} + R_{32} + R_{33} + R_{3p} = 0$$

再设 r_{11}、r_{12}、r_{13} 分别是 $Z_1=1$、$Z_2=1$、$Z_3=1$ 所引起的刚臂上的反力偶，r_{21}、r_{22}、r_{23} 分别是 $Z_1=1$、$Z_2=1$、$Z_3=1$ 所引起的刚臂上的反力偶，r_{31}、r_{32}、r_{33} 分别是 $Z_1=1$、$Z_2=1$、$Z_3=1$ 所引起的杆件的反力，则上式可以写成：

$$r_{11}Z_1 + r_{12}Z_2 + r_{13}Z_3 + R_{1p} = 0$$
$$r_{21}Z_1 + r_{22}Z_2 + r_{23}Z_3 + R_{2p} = 0 \qquad (1\text{-}2)$$
$$r_{31}Z_1 + r_{32}Z_2 + r_{33}Z_3 + R_{2p} = 0$$

上式中的未知量为 $Z_1=1$、$Z_2=1$、F（R_{1p}、R_{2p}、R_{3p} 是由 F 求得的），代入数值即可解得反力 F 的值。

根据结构力学的位移法可以解得层间位移已知时的层间反力的大小，将实际的一榀框架简化成力学模型，根据结构力学位移法的知识可知本模型中有三个结点位移未知量，分别为 Z_1、Z_2、Z_3，具体如附图 1-3～附图 1-7 所示。

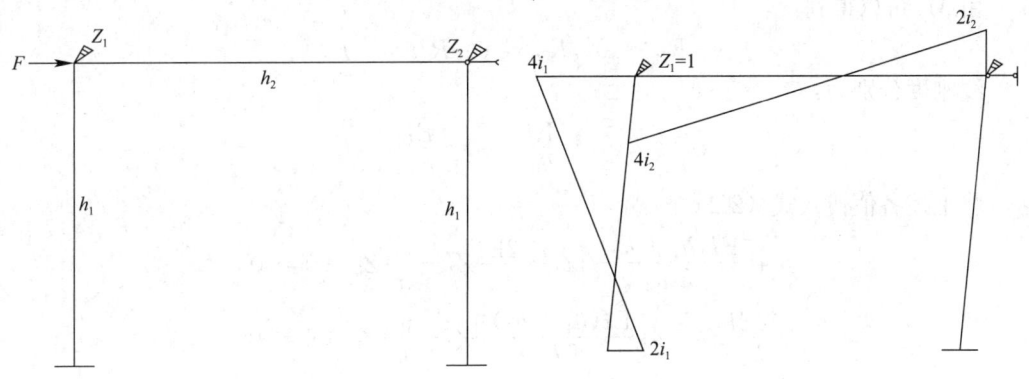

附图 1-3　基本结构　　　　　　　　　　附图 1-4　M_1 图

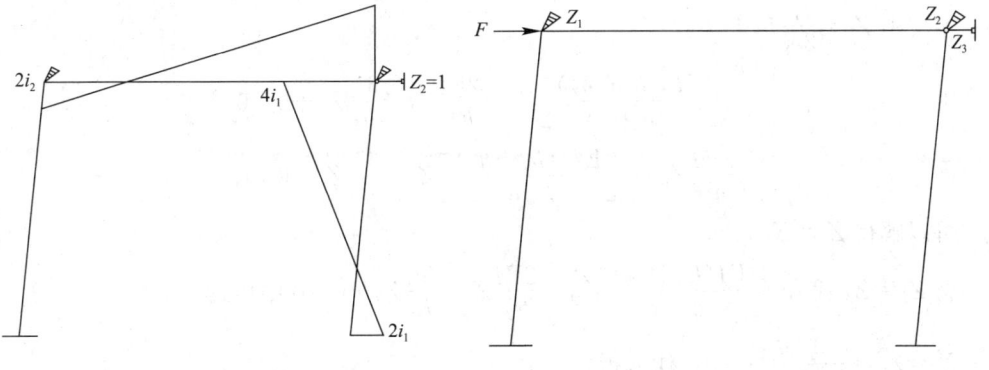

附图 1-5　M_2 图　　　　　　　　　　附图 1-6　M_P 图

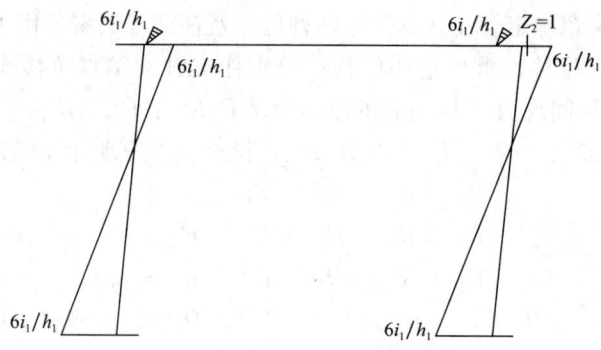

附图 1-7　M_3 图

由 M_1 可以得到：

$$r_{11} = 4(i_1 + i_2) = 4\left(\frac{EI}{h_1} + \frac{EI}{h_2}\right) \quad r_{12} = 2i_2 = \frac{2EI}{h_2} \quad r_{13} = 2i_2 = -\frac{6i_1}{h_1}$$

由 M_2 可以得到：

$$r_{21} = 2i_2 = \frac{2EI}{h_2} \quad r_{22} = 4(i_1 + i_2) = 4\left(\frac{EI}{h_1} + \frac{EI}{h_2}\right) \quad r_{23} = 2i_2 = -\frac{6i_1}{h_1}$$

由 M_3 可以得到：

$$r_{31} = 2i_2 = -\frac{6i_1}{h_1} \quad r_{33} = \frac{12i_1}{h_1} \quad r_{32} = 2i_2 = -\frac{6i_1}{h_1}$$

由 M_p 可以得到：

$$R_{1p} = 0 \quad R_{2p} = 0 \quad R_{3p} = -F$$

线刚度分别为：

$$i_1 = \frac{EI}{h_1} \quad i_2 = \frac{EI}{h_2}$$

将上述各值代入式（2-2）中：

$$4\left[\frac{EI(h_1 + h_2)}{h_1 h_2}\right]Z_1 + \frac{2EI}{h_2}Z_2 - \frac{6i_1}{h_1}Z_3 + 0 = 0$$

$$\frac{2EI}{h_2}Z_1 + 4\left[\frac{EI(h_1 + h_2)}{h_1 h_2}\right]Z_2 - \frac{6i_1}{h_1}Z_3 + 0 = 0$$

$$\frac{6i_1}{h_1}Z_1 - \frac{6i_1}{h_1}Z_2 + \frac{12i_1}{h_1}Z_3 - F = 0$$

本文中 $Z_3 = \frac{1}{200}h_1$

由

$$4\left[\frac{EI\ (h_1 + h_2)}{h_1 h_2}\right]Z_1 + \frac{2EI}{h_2}Z_2 - \frac{6i_1}{h_1}Z_3 + 0 = 0$$

$$\frac{2EI}{h_2}Z_1 + 4\left[\frac{EI\ (h_1 + h_2)}{h_1 h_2}\right]Z_2 - \frac{6i_1}{h_1}Z_3 + 0 = 0$$

可以解得 $Z_1 = Z_2$

将 $Z_1 = Z_2$ 代入 $4\left[\frac{EI(h_1 + h_2)}{h_1 h_2}\right]Z_1 + \frac{2EI}{h_2}Z_2 - \frac{6i_1}{h_1}Z_3 + 0 = 0$ 中可得：

$$Z_1 = Z_2 = \frac{6h_2}{200(h_1 + h_2)} \quad 代入得：$$

$$-\frac{12EI}{h_1^2}Z_1 + \frac{12EIh_1}{200h_1^2} - F = 0$$

$$F = \frac{12EIh_1}{200h_1^2} - \frac{12EI}{h_1^2}Z_1$$

式中　I——框架截面的惯性矩；

$E = 206000$MPa；

h——楼层高度。

（2）风荷载的计算

确定采用承压型高强螺栓为连接件后，需要计算不同地区风压作用下 ALC 外墙板的强度是否安全，使用《建筑结构荷载规范》GB 50009—2012 来计算围护结构所承受风荷载的大小：

$$\omega_k = \beta_{gz}\mu_{sl}\mu_z\omega_0 \tag{1-3}$$

式中　ω_k——风荷载标准值，kPa；

β_{gz}——某一高处的阵风系数；

μ_{sl}——风荷载局部体形系数；

μ_z——风压沿高度方向变化系数；

ω_0——基本风压，kPa。

上式中各参数与建筑所在的地区有关，不同地区采用不同的数值，以沈阳地区为例各系数值见附表 1-2。

风荷载计算系数　　　　　　　　　　　　　　　　　　　　　附表 1-2

β_{gz}	μ_{sl}	μ_z	ω_0
2.26	1.3~1.5	0.63	0.55

$$\omega_k = \beta_{gz}\mu_{sl}\mu_z\omega_0 = 2.26 \times 1.5 \times 0.63 \times 0.55 = 1.175\text{kPa}$$

ALC 外墙板常见标准规格为 3000mm×600mm，本连接应用在 ALC 板竖向安装方案中，每块 ALC 外墙板采用 2 个承压型高强螺栓固定，因此单个高强螺栓需要承受的风荷载标准值 $R_{标准}$ 为：

$$R_{标准} = 3 \times 0.6 \times 1.175/2 = 1.06\text{kN}$$

（3）地震荷载的计算

钢结构建筑中 ALC 板外墙属于围护结构，因此在计算地震荷载作用下新型连接节点的强度是否安全时，需采用《建筑抗震设计规范》GB 50011—2010 中对非结构构件的地震荷载的计算方法来计算，即等效侧力法，故水平地震作用下标准值宜按下式计算：

$$F = \gamma\eta\xi_1\xi_2\alpha_{max}G \tag{1-4}$$

式中　F——沿最不利方向施加于非结构构件重心处的水平地震作用标准值；

γ——非结构构件功能系数；

η——非结构构件类别系数；

ξ_1——状态系数，对预制建筑构件、悬臂类构件、支撑点低于质心的任何设备和柔性体系宜取 2.0，其余情况可取 1.0；

ξ_2——位置系数，建筑定点宜取 2.0，底部宜取 1.0，沿高度线性分布，对要求采用时程分析法补充计算的结构，应按其计算结果调整；

$\alpha_{\max}$——地震影响系数最大值；

G——非结构构件的重力，应包括运行时有关的人员、容器和管道中的介质及储物柜中物品的重力；

以 8 度抗震设防地区为例，地震荷载各系数的取值见附表 1-3。

地震荷载计算系数　　　　　　　　　　　　　附表 1-3

γ	η	ξ_1	ξ_2
1.4	0.9	2.0	2.0

上式中的重力 G 为有限元分析中板厚为 150mm 的板的重量，即 $G=1.38$kN。

当地震等级为 8 度多遇地震时，地震影响系数取 0.16，则地震标准值为：

$$F_{标准} = 1.4 \times 0.9 \times 2.0 \times 2.0 \times 0.16 \times 1.38 = 1.11\text{kN}$$

当地震等级为 8 度罕遇地震时，地震影响系数取 0.9，则地震标准值为：

$$F_{标准} = 1.4 \times 0.9 \times 2.0 \times 2.0 \times 0.9 \times 1.38 = 6.26\text{kN}$$

多遇地震作用下最不利荷载设计值为：

$$F_1 = (1 \times 1.38 + 0.5 \times 2.5) \times 1.2 + 1.3 \times 1.11 + 1.4 \times 1.06 \times 1.38 = 6.08\text{kN}$$

罕遇地震作用下最不利荷载设计值为：

$$F_2 = (1 \times 1.38 + 0.5 \times 2.5) \times 1.2 + 1.3 \times 6.26 + 1.4 \times 1.06 \times 1.38 = 13.34\text{kN}$$

1.4 连接构件强度设计

专用连接板是通长 $\llcorner 63 \times 6$ 的角钢与工字型钢梁连接，专用连接板与通长角钢、通长角钢与工字型钢梁的连接方法均为焊接连接，具体的尺寸如附图 1-8 所示；ALC 外墙板是通过高强螺栓与专用连接板连接的；承重托板与下端钢梁的连接方式也为焊接连接，承重托板的作用是为了防止新型连接节点破坏时 ALC 外墙板直接脱落，同时还可以将 ALC 墙板之间隔开一定的缝隙减小墙板之间的相互作用，此处的焊缝需要具有一定的承载能力。

1.4.1 螺栓的强度设计

本连接中，ALC 外墙板与钢框架之间采用两个高强螺栓连接，上下节点各一个，如附图 1-1 所示。采用《钢结构设计规范》GB 50017—2003 计算高强螺栓的设计强度：

螺栓抗剪承载力的设计值为：

$$N_v^b = n_v \frac{\pi d^2}{4} f_v^b \tag{1-5}$$

式中　n_v——受剪面数目，单剪 $n_v=1$，双剪 $n_v=2$，四剪 $n_v=4$；

d——螺栓杆直径；

f_v^b——螺栓抗剪强度设计值。

查表可知 $f_v^b=250\text{N/mm}^2$

$N_v^b = 1 \times \frac{\pi \times 14^2}{4} \times 250 = 38.47\text{kN} > 13.34\text{kN}$（8 度罕遇地震时的地震荷载），说明新型

连接中螺栓抗剪强度能够保证地震荷载作用下的安全。

螺栓承压承载力设计值：

$$N_c^b = d \sum t f_c^b \tag{1-6}$$

式中　$\sum t$——在不同受力方向中一个受力方向承受构件总厚度的较小值；

　　　f_c^b——螺栓承压强度设计值。

由已知查表得 $f_c^b = 590\text{N/mm}^2$

$N_c^b = 14 \times 9 \times 590 = 74.34\text{kN} > 38.47\text{kN}$（螺栓抗剪承载力设计值），说明在实际使用中，只需注意螺栓的抗剪承载力是否满足要求即可。

1.4.2　焊缝强度设计

焊缝是整个连接中重要的受力部位，所以对焊缝的强度需要严格把握，焊缝的破坏要晚于螺栓的剪切破坏。参考国内外已有连接中的焊接方式与焊缝尺寸等确定新型连接节点的各焊缝尺寸并进行验算，各连接件之间的焊缝尺寸如附图 1-8 所示。

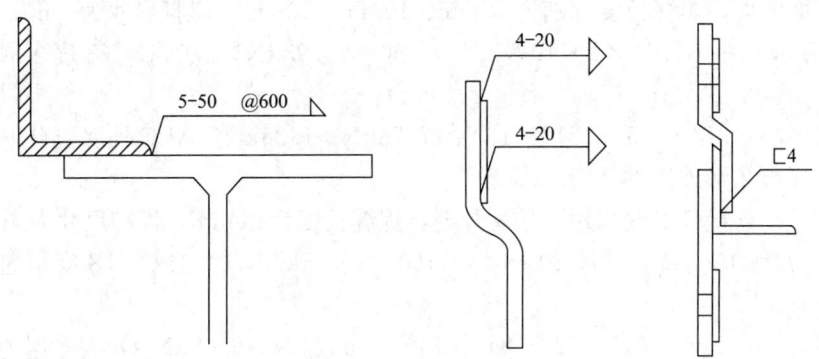

附图 1-8　各连接处焊缝尺寸

本连接中的所有焊缝均为角焊缝。

（1）正面角焊缝

$$\sigma_f = \frac{N_y}{h_e l_w} \leqslant \beta_f f_f^w \tag{1-7}$$

式中　σ_f——按焊缝有效截面（$h_e l_w$）计算，垂直于焊缝长度方向的应力；

　　　N_y——垂直于焊缝长度方向的外力；

　　　h_e——角焊缝的有效厚度，对于直角角焊缝 $h_e = 0.7h_f$，h_f 为焊脚尺寸；

　　　l_w——角焊缝计算长度，考虑起灭弧缺陷，按各条焊缝的实际长度每端减去 h_f 计算；

　　　f_f^w——角焊缝抗拉、抗压和抗剪强度设计值；

　　　β_f——正面角焊缝的强度增大系数，$\beta_f = \sqrt{\dfrac{3}{2}} = 1.22$。

（2）侧面角焊缝

$$\tau_f = \frac{V}{h_e l_w} \leqslant f_f^w \tag{1-8}$$

式中　τ_f——按焊缝有效截面（$h_e l_w$）计算，沿焊缝长度方向的应力；

　　　V——沿焊缝长度方向的外力；

h_e——角焊缝的有效厚度，对于直角角焊缝 $h_e = 0.7h_f$，h_f 为焊脚尺寸；

l_w——角焊缝计算长度，考虑起灭弧缺陷，按各条焊缝的实际长度每端减去 h_f 计算；

f_f^w——角焊缝抗拉、抗压和抗剪强度设计值。

本文中的焊缝强度设计值 $f_f^w = 160\text{N/mm}^2$。

（3）通长角钢与工字型钢梁之间的焊缝

通长角钢与工字型钢梁之间采用的焊缝是单面角焊缝，焊缝长度为 50mm，间隔为 600mm，焊脚尺寸为 5mm。此焊缝对于板自重来说为正面角焊缝，对于地震荷载来说为侧面角焊缝。

$N_y = h_e l_w \beta_f f_f^w = 0.7 \times 5 \times (50 - 2 \times 5) \times 1.22 \times 160 = 27.32\text{kN} > 1.38\text{kN}$（ALC外墙板自重）

$V = h_e l_w f_f^w = 0.7 \times 5 \times (50 - 2 \times 5) \times 160 = 22.4\text{kN} > 6.08\text{kN}$（8度多遇地震时的地震荷载）

（4）Z形连接件与通常角钢之间的焊缝

采用三面围焊，焊缝长度分别为 70mm、10mm、10mm，焊脚尺寸为 4mm。

$N_y = h_e l_w \beta_f f_f^w = 0.7 \times 4 \times 2 \times 10 \times 1.22 \times 160 = 10.93\text{kN} > 6.08\text{kN}$（8度多遇地震时的地震荷载）

$V = h_e l_w f_f^w = 0.74 \times (70 - 8) \times 160 = 27.78\text{kN} > 1.38\text{kN}$（ALC外墙板自重）

（5）盖板与Z形连接件之间的焊缝

盖板与Z形连接件之间采用 2 条短焊缝，焊缝长度为 20mm，焊脚尺寸为 4mm。

$V = h_e l_w f_f^w = 0.7 \times 2 \times 4 \times (20 - 8) \times 160 = 10.75\text{kN} < 13.34\text{kN}$（8度罕遇地震作用地震荷载）

$V = h_e l_w f_f^w = 0.7 \times 2 \times 4 \times (20 - 8) \times 160 = 10.75\text{kN} > 6.08\text{kN}$（8度多遇地震作用地震荷载）

$N_y = h_e l_w \beta_f f_f^w = 0.7 \times 2 \times 4 \times (20 - 8) \times 1.22 \times 160 = 10.75\text{kN} > 1.38\text{kN}$（ALC外墙板自重）

1.5 施工安装方法与安装注意事项

1.5.1 连接安装方法

（1）现场将 L63×63×6 的通长角钢与工字型钢梁的上翼缘焊接：通长角钢的焊缝长度为 50mm，每隔 600mm 焊一次，直至整根角钢与工字型钢梁上翼缘焊接完毕，焊脚尺寸为 5mm。

（2）专用连接板的焊接：专用连接板盖板的焊缝长度为 20mm，采用两面角焊缝的焊接方法将其与专用连接板固定，焊脚尺寸为 4mm。

（3）专用连接板与角钢的焊接：上节点的专用连接板与角钢的焊缝长度为 50mm，采用两面角焊缝焊接的方法将其固定在角钢的内侧，焊脚尺寸 4mm。下节点的专用连接板与角钢的焊缝为三面围焊缝，上侧焊缝长度为连接件的长度 70mm，两侧焊缝长度为看见部分的长度，焊脚尺寸 4mm。

（4）将ALC外墙板上事先预埋好的M14的螺栓插入焊接在角钢上的专用连接板的栓孔中，最后使用螺栓螺母将其固定。

（5）上、下两块ALC外墙板之间预留10mm的空隙，为了避免外墙板之间的相互作用，同时为外墙板的旋转预留一定的空隙5mm。两块ALC外墙板之间亦需要预留10mm的空隙。

（6）板缝的处理，由内向外依次为岩棉、PE棒、专用底料、密封胶。角钢与楼板间的空隙用填缝砂浆填充。

1.5.2 连接钢材、加强钢材的安装方法

标准规格的角钢等基础钢材及女儿墙等部位的加强钢材应在主体框架上指定的位置安装。门窗洞口等开口部位附近应该使用开口部位的补强钢材。

安装板用的连接钢材及女儿墙等部位的加强钢材需具备将板上承担的外荷载及板自重传递给主体框架的能力。连接钢材及加强钢材安装位置的精确程度对ALC板板面的精度和板安装时的作业难易程度有很大影响。因此，连接钢材精确的安装到指定位置是非常重要的。

标准角钢等连接钢材的安装，多数情况是将其直接焊接在钢梁或钢柱上。板放置时，标准角钢一般直接焊接在钢梁上。板下部与建筑物的基础梁等混凝土构件相连时，在混凝土构件上部设置标准角钢。

加强钢材一般在女儿墙部位、悬挑外墙及开口部位使用。这些加强钢材的材料尺寸和设置间隔等由设计图样给出。

在门窗洞口等开口部位，应设置开口加强钢材。开口部分的大小、风荷载大小、板的安装固定方法不同使用的金属构件也不同。

开口部位的加强钢材的安装。开口部位设置的钢材是为了保证开口部位及开口部位周围施加的外力能够有效地传递到主体框架上。开口处加强钢材通常使用角钢，但是也可根据开口部位的尺寸大小选用H型钢。

1.5.3 纵向布置板的安装方法

一般情况下外墙用板承受的风荷载正压力和负压力的强度不同。外墙用板承受的外荷载通过标准角钢等连接钢材传递到梁、柱等框架结构上。对于纵向放置的板，设置的横向接缝宽度在20mm左右。阳角和阴角处的板缝宽度为10～20mm，目的为了协调变形作用的变形缝，这些变形缝必须与施工图一致。

当与基础等混凝土表面相连接时，板的下部需要与混凝土上表面设置的标准规格角钢连接。对于一般部位，因为板背面与标准角钢间有缝隙，需要保证相邻板在接缝处无高差。板与楼板间用砂浆填充时，为了不妨碍板连接构造的强度，需要在板上粘贴绝缘胶带，填充砂浆尽可能不与板相连。

1.5.4 施工安装的注意事项

钢材对温度的变化很敏感，温度变化对安装精度有较严重的影响。焊接时应在满足焊接条件下进行，当自然条件无法满足该要求时需要采用人工措施。钢梁、墙板的体积均很大，在安装过程中需要吊装，吊装过程中需要计算好各项指标不允许使外墙板、钢材在吊装过程

中产生损坏。焊接技术直接影响焊缝质量，在焊缝施工过程中需严格按照设计值进行施工。

（1）基础钢材及金属连接件的焊接

应该进行恰当的基础钢材和金属连接件的焊接工作。对于焊接部分应该使用防腐涂料进行防腐处理。基础钢材及金属连接件等的焊接工艺应该清除焊接部位的焊渣，对焊缝末端进行封口并避免夹渣等焊接缺陷的出现，保证必要的焊接长度和焊点的距离。ALC 板在施工过程中，由于现场焊接工作较多，焊接技术水平也是施工管理的重要因素之一。因此，原则上焊接工人应为焊接技术等级考试合格人员。基础钢材及金属连接件等焊接部位的处理应在完全除去焊渣之后，等到焊接部位充分冷却后进行防腐处理。

（2）变形缝处的防火处理

板间设置有变形缝，有抗火规定的应该采用防火材料进行填缝处理。防火材料应使用宽度在 50mm 以上的材料，使用时需要将材料厚度压缩 20％后使用。当防火材料对密封材料的填充带来麻烦时，密封材料应在板安装的同时进行填充。

（3）填缝砂浆的养护

填缝砂浆在硬化前应该防止板产生振动和撞击。当遇到不适合填缝砂浆的填充和硬化气候条件时，应该采取必要的措施。填缝砂浆需起到保证板一体化的重要作用，因此，砂浆在填缝后，不应受到有害振动和撞击的影响。若在填缝砂浆填缝时或硬化过程中气温下降，可能造成砂浆强度下降和硬化不良等现象，原则上不建议此时施工。但如果必须要施工时，应该采取必要的养护措施。

（4）板的修补和开槽处的填补

板的修补和开槽填补应在板安装就位后，采用修补用砂浆进行修补。板的修补原则上应在板安装就位后进行，板安装后不能进行修补的部位，应该在板安装就位前进行修补。修补用砂浆应在搅拌后 30min 内使用完毕，所以应根据需要量进行搅拌。修补部分需要采用毛刷均匀涂抹。对于变形缝处，应该在保证变形缝宽度的基础上进行修补。应该保证相邻的两块板相互间不接触的前提下进行修补，注意不要因为修补而使相邻的板连在一起。

（5）板间的密封处理

为了使板间相互作用的变形缝和板间相互分离的板缝具备相互协调能力，填充此部分缝隙前需要将板背面填满密封材料，并且在缝隙底部粘贴绝缘胶带。密封工程开始前，应该首先明确密封材料填充的板缝的形状是否恰当。确认了板缝的形状后，在密封材料填充部位用涂料进行涂装。为了保证接触强度，密封材料的填充应在覆盖材料和涂料干燥后立即填充。但是，使用的涂料应当考虑密封材料和覆盖材料的材质，采用密封材料制造商指定的涂料。

（6）工程完工后的板养护

在 ALC 板安装后、防水工程和装饰工程开始前，为了防止雨淋、污染、破损等不良因素的影响，应该进行必要的养护处理。如果板在没有保护的情况下随意放置，因降雨等因素的影响板吸收水分，这对其性能十分不利。考虑到天气和气候等因素，为了不对随后的防水工程、内装饰工程带来不利影响，需要进行必要的养护处理。在进行防水工程和装饰工程的材料搬运时，为了防止板受到污染和破损可以使用胶合板等进行保护。工程材料应该分散放置以免出现集中荷载。

附录 2   开口补强钢材以及女儿墙补强钢材的计算

2.1   开口补强钢材的计算

开口钢材尺寸如附图 2-1 所示，风压力为 $2000\text{N}/\text{m}^2$。

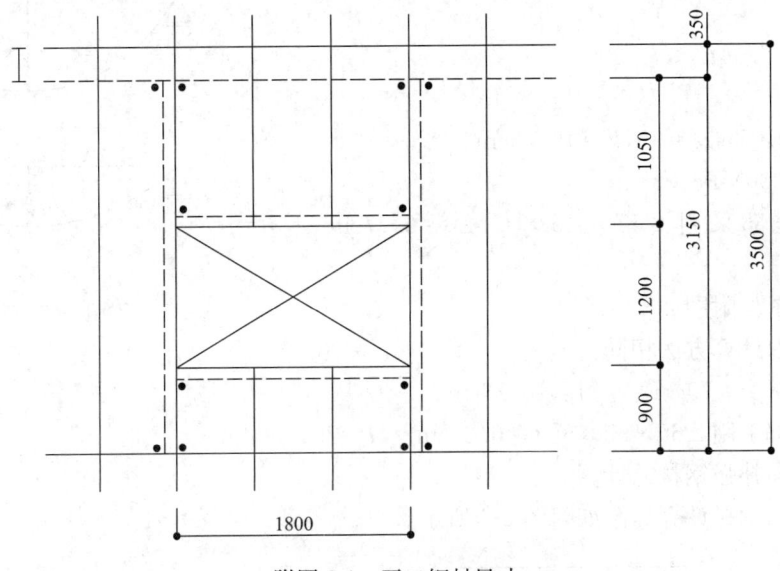

附图 2-1   开口钢材尺寸

（1）上部横向补强钢材的计算

上部横向补强钢材计算简图如附图 2-2 所示。

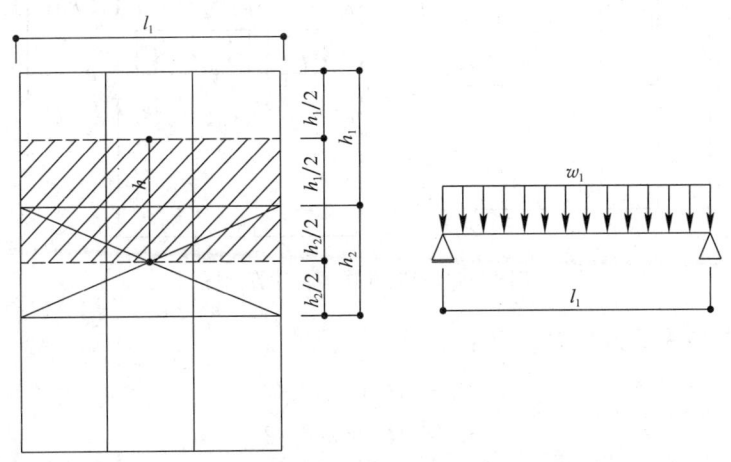

附图 2-2   上部横向补强钢材计算简图

几何参数：

$h_1 = 1.4\text{m}$

$h_2 = 1.2\text{m}$

$l_1 = 1.8\text{m}$

$h = (h_1/2) + (h_2/2) = 1.3\text{m}$

$\omega_1 = W \times h = 2000 \times 1.3 = 2600\text{N/m} = 2.6\text{N/mm}$

弯矩计算：

$$M_{\max} = \omega_1 l_1^2/8$$

$$Z \geqslant M_{\max}/235$$

$$Z \geqslant \omega_1 l_1^2/(8 \times 235) = 4.8\text{cm}^3$$

挠度计算：

$$\delta = 5\omega_1 l_1^4/394EI \leqslant l_1/200$$

变形计算：

$$I \geqslant (200 \times 5\omega_1 l_1^3)/394E = 19.26\text{cm}^4$$

$$E = 205000\text{MPa}$$

因此上部采用 L $65 \times 65 \times 6$（$Z = 6.27\text{cm}^3$ $I = 29.4\text{cm}^4$）

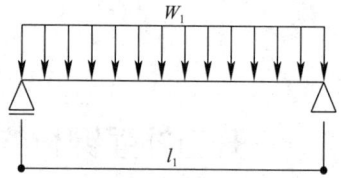
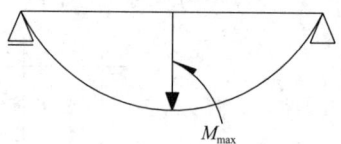
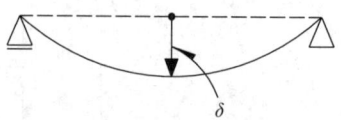

附图 2-3 受力简图

受力简图如附图 2-3 所示。

（2）下部计算方法相同

计算得 $Z \geqslant 3.79\text{cm}^3$ $I \geqslant 16.22\text{cm}^4$

因此下部采用 L $65 \times 65 \times 6$（$Z = 6.27\text{cm}^3$ $I = 29.4\text{cm}^4$）

（3）竖向补强钢材的计算

竖向补强钢材计算简图如附图 2-4 所示。

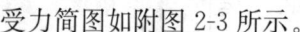

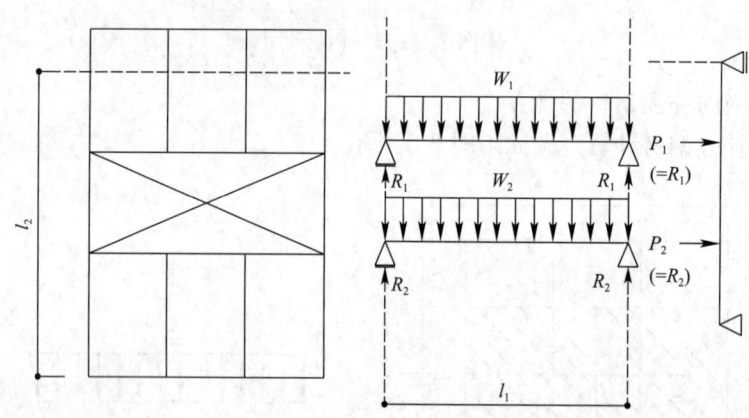

附图 2-4 竖向补强钢材计算简图

设横向补强钢材传来的力为 P_1、P_2：

$$P_1 = P_2 = \omega_1 l_1/2$$

$$R_1 = R_2 = \omega_2 l_1/2$$

弯矩计算（附图 2-5）：

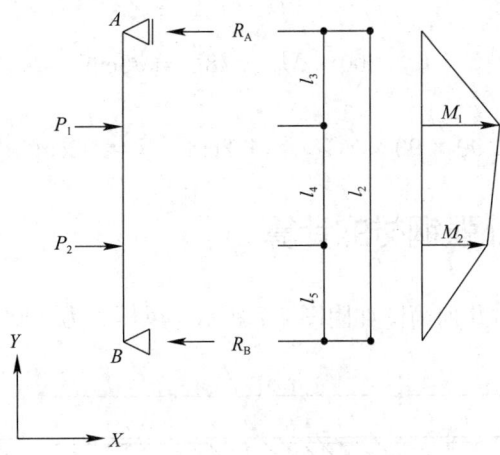

附图 2-5 竖向补强钢材弯矩图

X 方向：

$$R_A = R_B = P_1 + P_2 = 2340 + 1890 = 4230\text{N} = 5.23\text{kN}$$

对 B 点取矩：

$$R_A l_2 = R_1(l_4 + l_5) + P_2 l_5$$

$$R_A = 2126\text{N} = 2.13\text{kN}$$

$$R_B = P_1 + P_2 - R_A = 4230 - 2162 = 2194\text{N} = 2.19\text{kN}$$

求最大弯矩 $M_{\max}$：

$$M_1 = R_A l_3 = 2240\text{N} \cdot \text{m}$$

$$M_2 = R_B l_5 = 21971\text{N} \cdot \text{m}$$

$$M_1 > M_2$$

$$M_{\max} = M_1$$

$$Z \geqslant M_{\max}/235 = 9532\text{mm}^3 = 9.53\text{cm}^3$$

挠度计算（附图 2-6）：

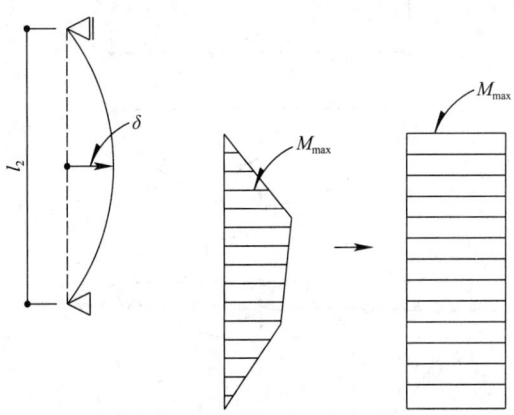

附图 2-6 竖向补强钢材挠度图

$$\delta = M_{\max} l_2^2 / 8EI \leqslant l_2/200$$

变形计算：

$$I \geqslant 200 \times M_{max} l^2 / 8E = 86 \text{cm}^4$$

因此竖向采用：

$$\llcorner 90 \times 90 \times 7 (Z = 14.2 \text{cm}^3 \quad I = 93 \text{cm}^4)$$

2.2 女儿墙部分补强钢材的计算

女儿墙部分补强钢材几何简图如附图 2-7 所示，风压力为 2000N/m²。

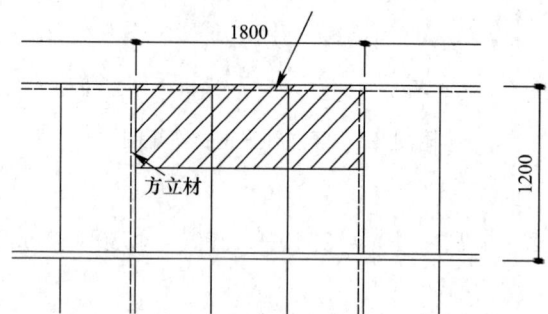

附图 2-7 女儿墙部分补强钢材几何简图

（1）横向补强钢材的计算

$$H = 0.6 \text{m}$$
$$L = 1.8 \text{m}$$
$$\omega_1 = w \times h = 2000 \times 0.6 = 1200 \text{N/m} = 1.2 \text{N/mm}$$

弯矩计算（附图 2-8）

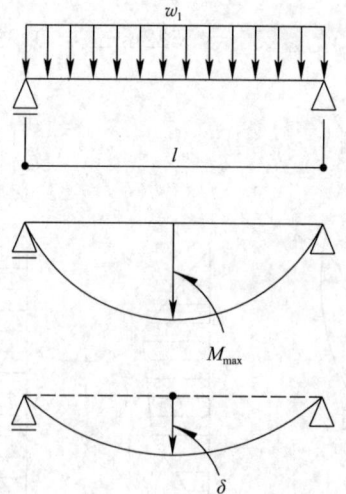

附图 2-8 横向补强钢材弯矩图

$$M_{max} = \omega_1 l_1^2 / 8 = (1.2 \times 1800^2)/8 = 486000 (\text{N} \cdot \text{mm})$$
$$Z \geqslant M_{max} / f_s = (486 \times 10^3)/235 = 2068 \text{mm}^3$$

挠度计算：

$$\delta = 5\omega_1 l^4 / 394EI \leqslant l/200$$

变形计算：

$$I \geqslant (200 \times 5\omega_1 l^3)/384E = 8.89\text{cm}^4$$
$$E = 205000\text{MPa}$$

因此上部采用 L 65×65×6（$Z=6.27\text{cm}^3$　$I=29.4\text{cm}^4$）

（2）竖向补强钢材

竖向补强钢材承受横向补强钢材传来的力，集中荷载的大小为支座反力的 2 倍（附图 2-9）。

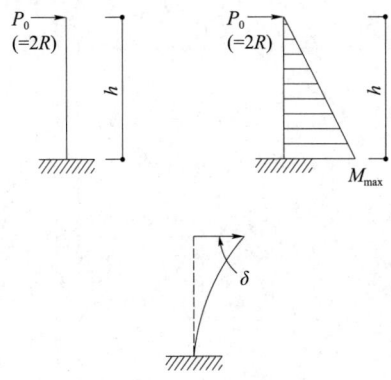

附图 2-9　竖向补强钢材受力简图

$$h = 1.2\text{m}$$
$$P_0 = R_2 \times 2 = \omega_1 l = 1.2 \times 1800 = 2160\text{N}$$

弯矩计算：

$$M_{\max} = P_0 h = 2592\text{N} \cdot \text{m}$$
$$Z \geqslant M_{\max}/f_s = 11030\text{mm}^3$$

挠度计算：

$$\delta = P_0 h^3 / 3EI \leqslant h/100$$
$$I \geqslant (100 \times P_0 h^2)/3E = 50.6\text{cm}^4$$

因此纵向采用 L 75×75×9（$Z=12.1\text{cm}^3$，$I=64.4\text{cm}^4$）

附录 3 ALC 板施工图

ALC 板施工图如附图 3-1～附图 3-6 所示。

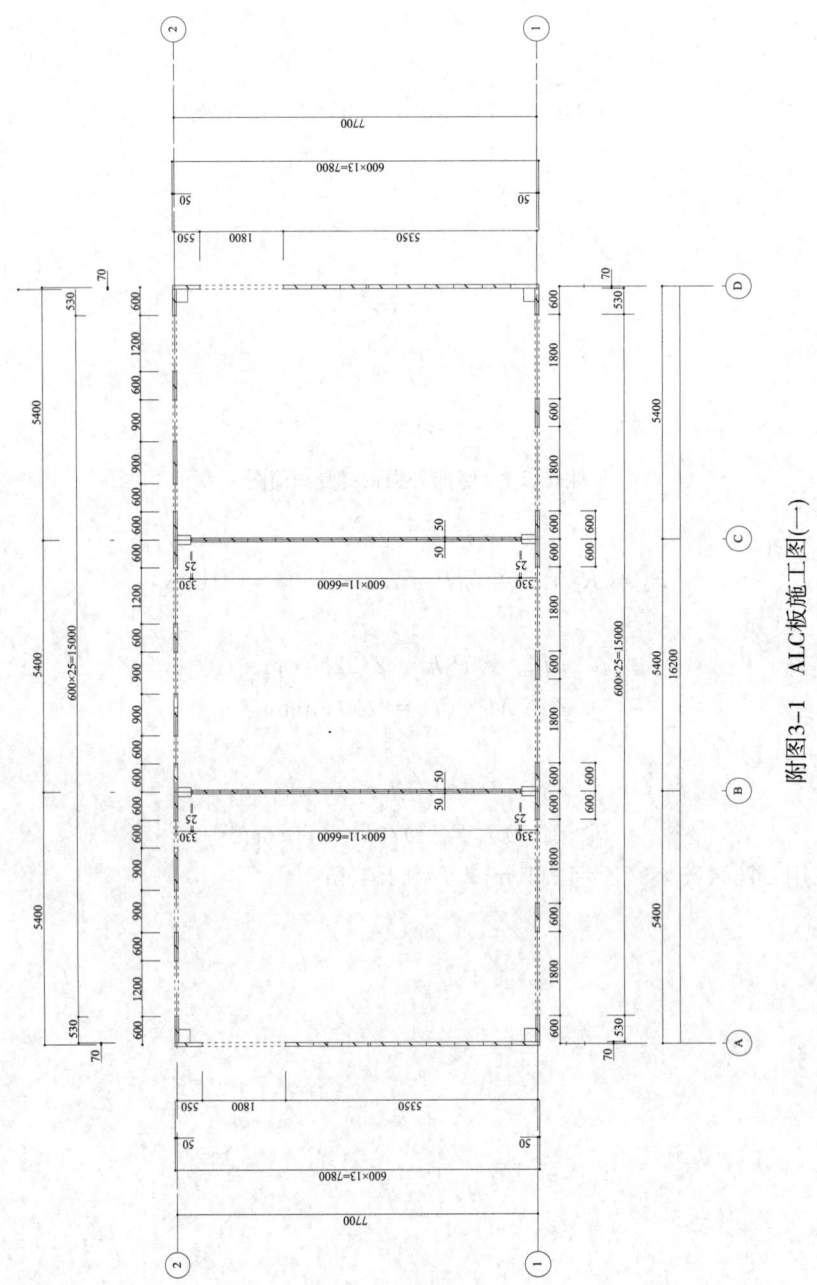

附图 3-1 ALC 板施工图(一)

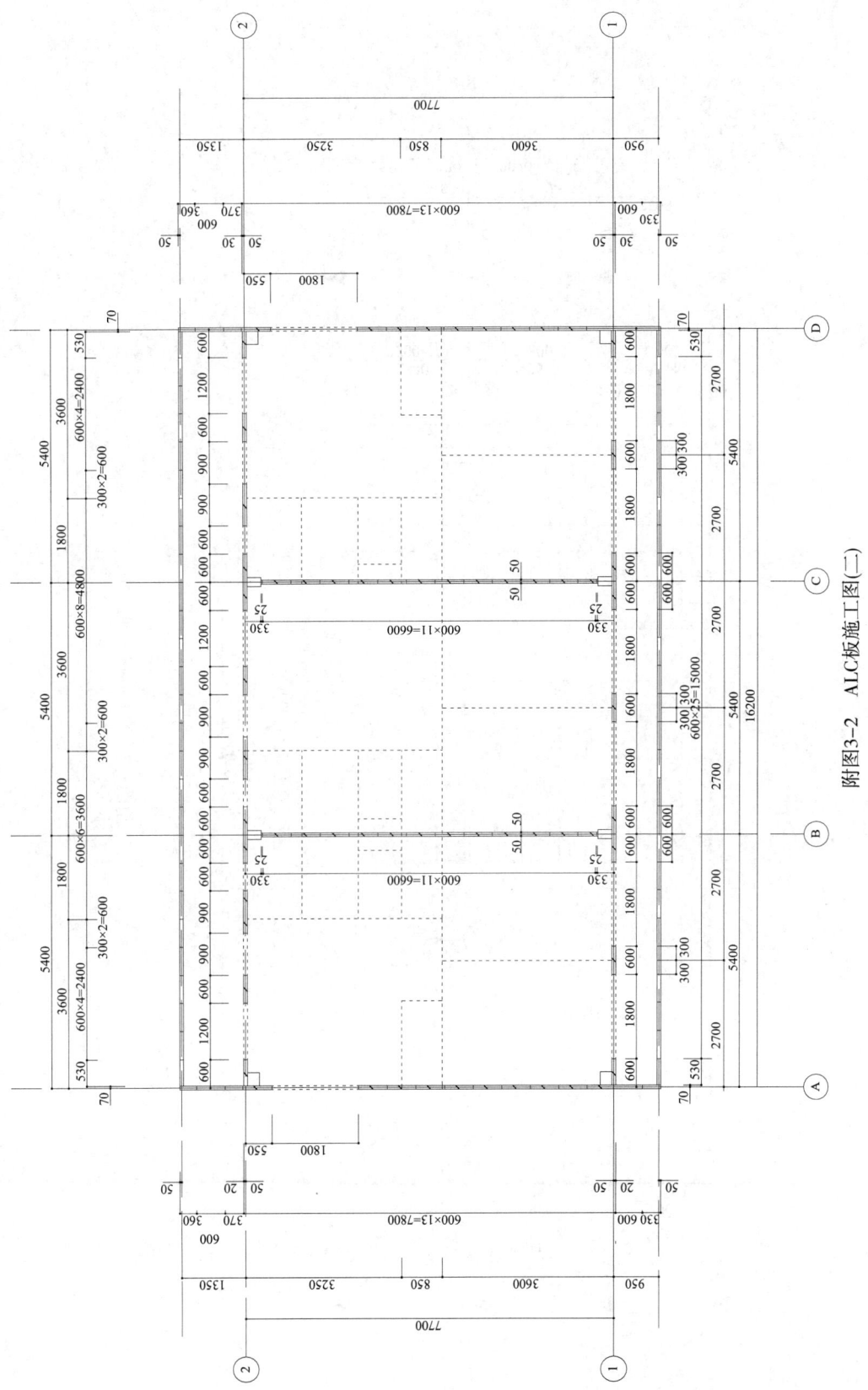

附图3-2 ALC板施工图(二)

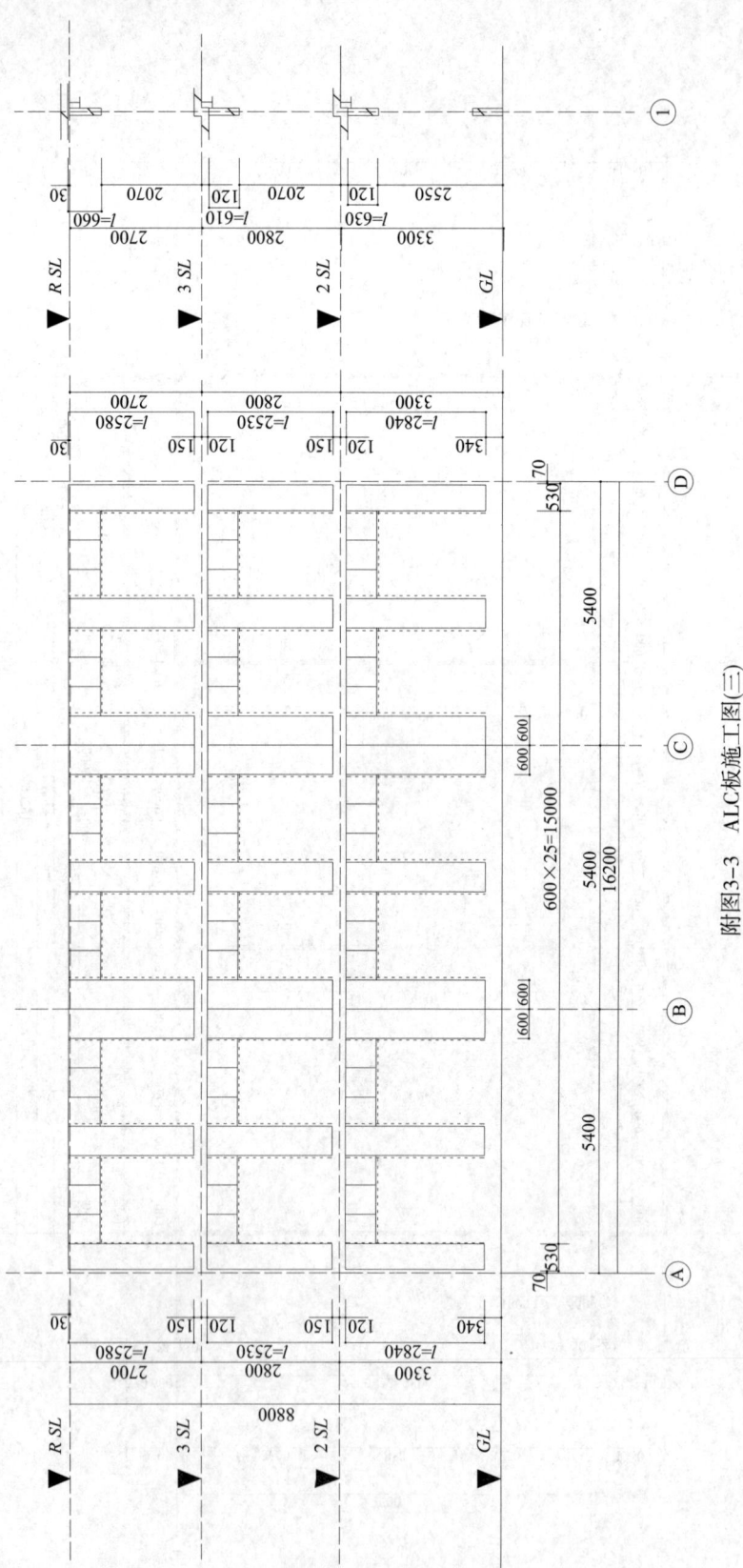

附图3-3 ALC板施工图(三)

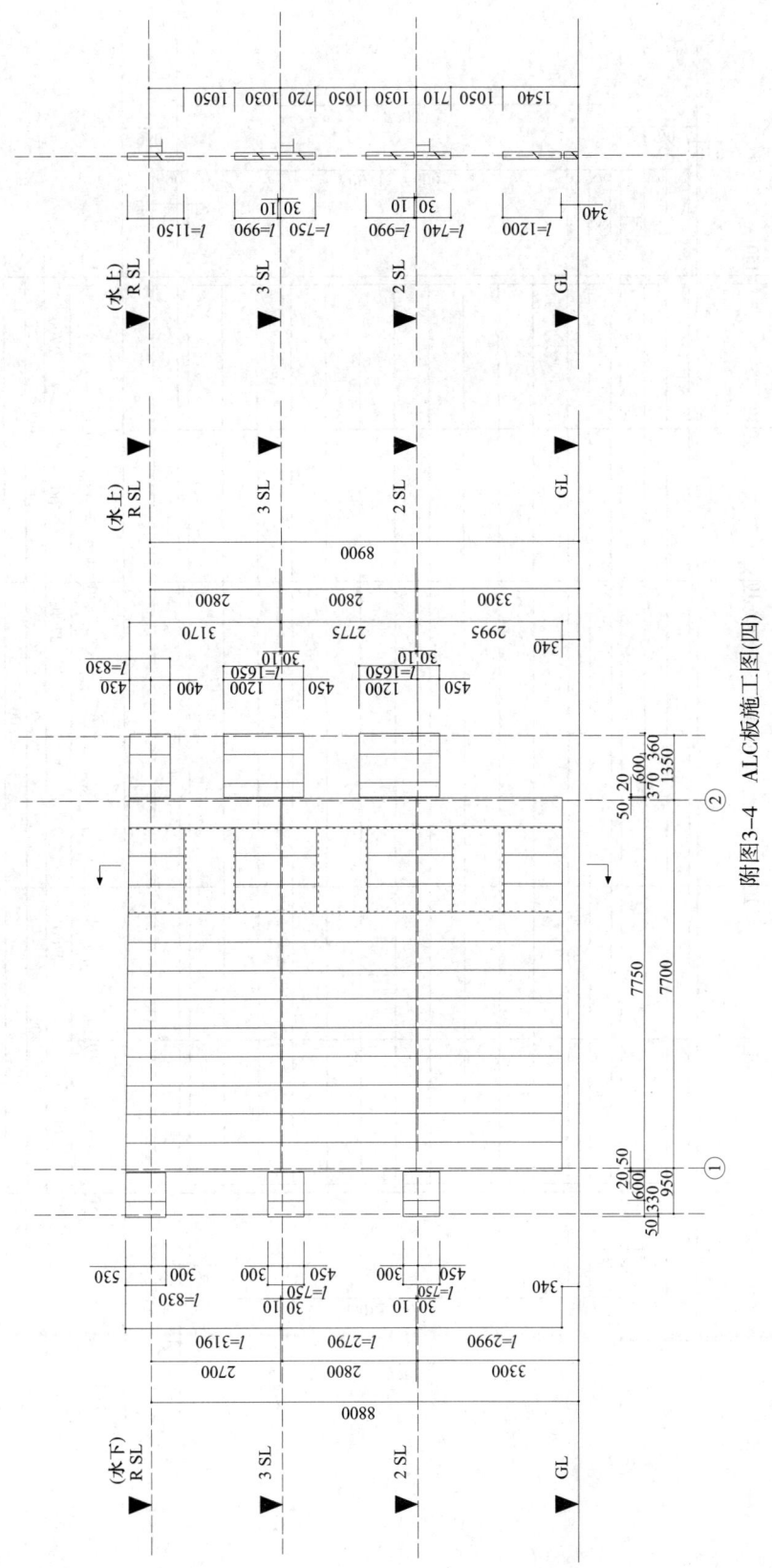

附图 3-4　ALC 板施工图 (四)

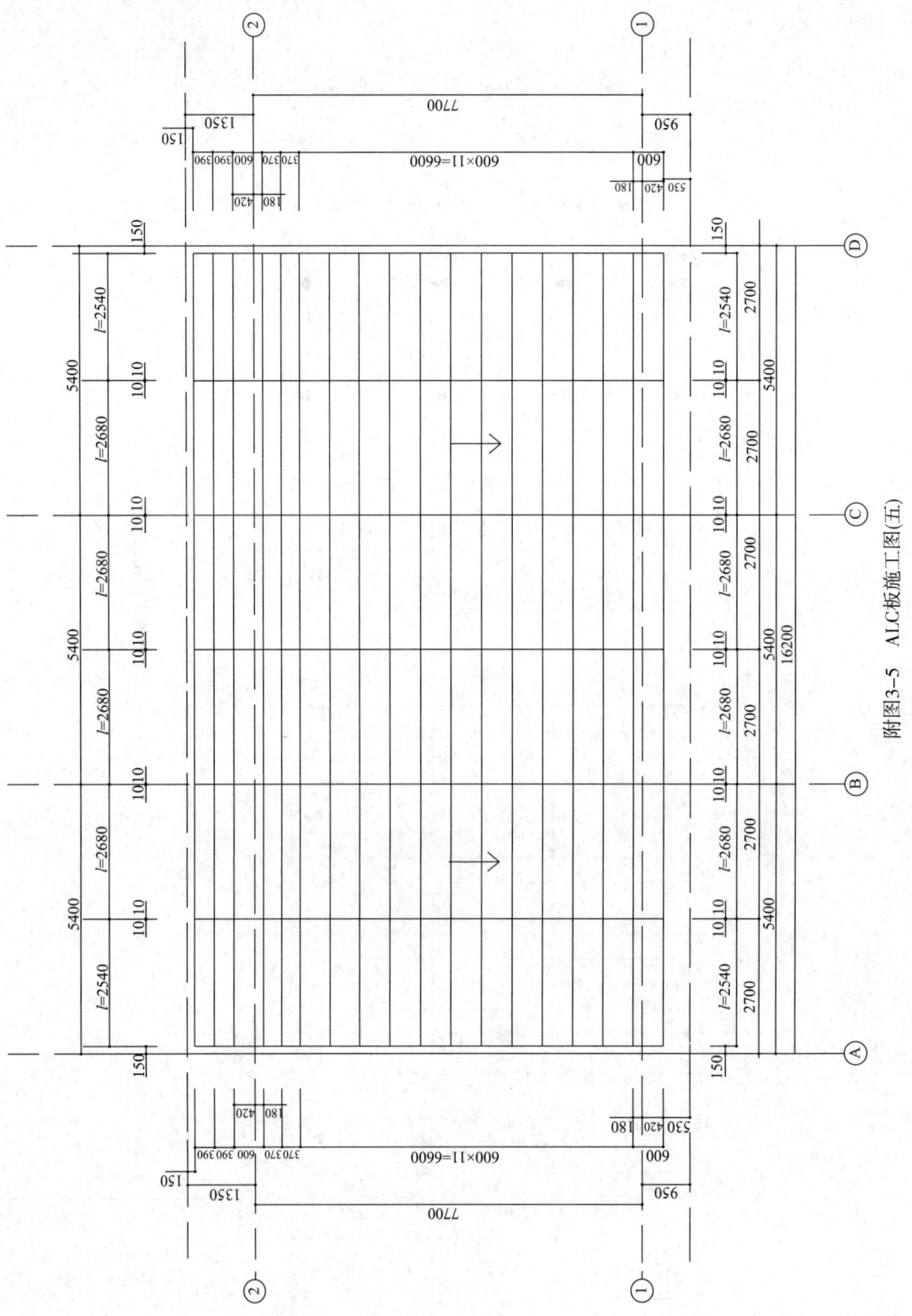

附图3-5　ALC板施工图(五)

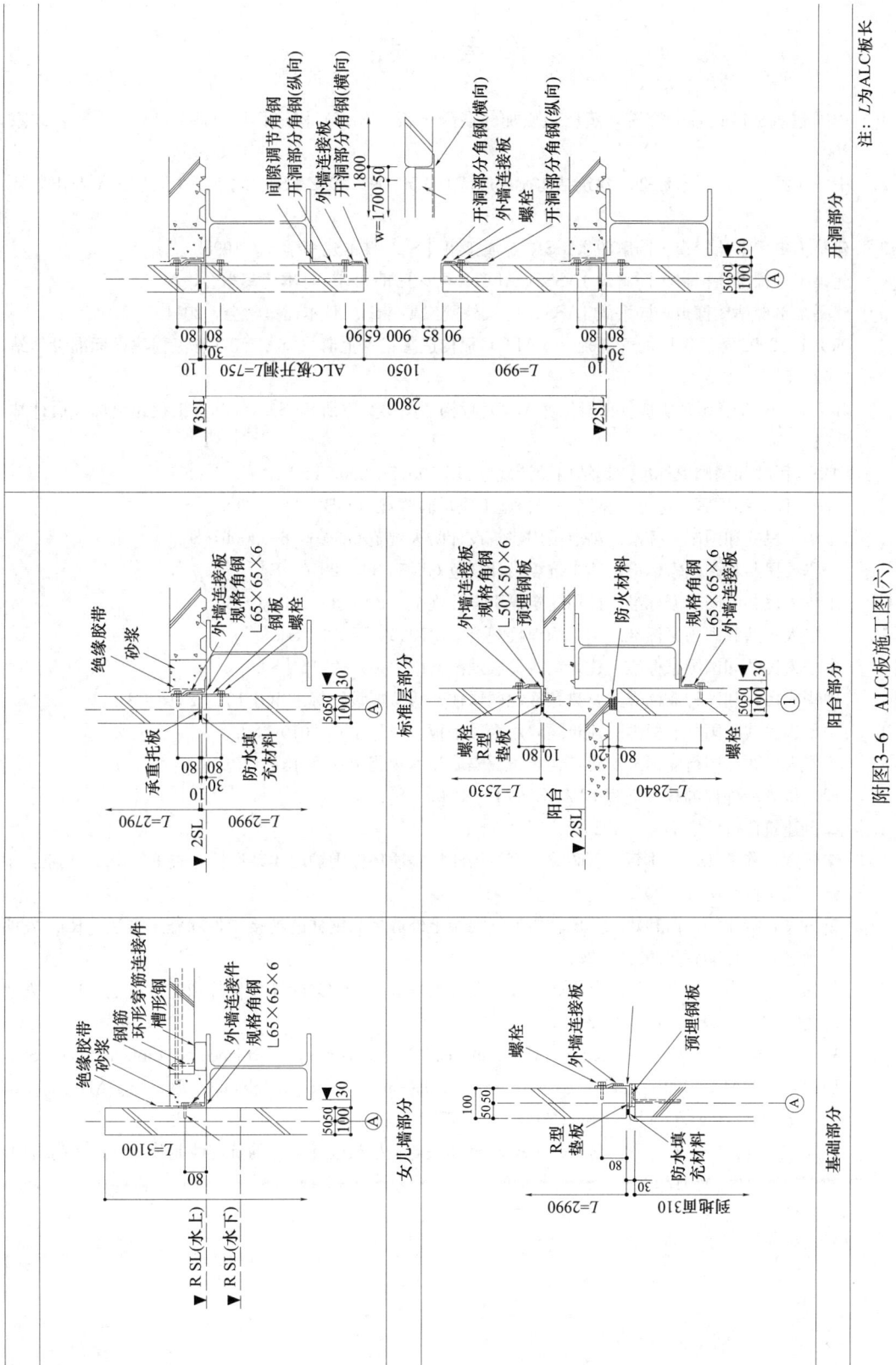

附图3-6 ALC板施工图(六)

参 考 文 献

[1] 中国建筑标准设计研究院，蒸压轻质加气混凝土板（ALC）构造详图 03SG 715—1 [S]. 北京，2003.

[2] 中华人民共和国国家标准. 建筑结构荷载规范 GB 50009—2012 [S]. 北京：中国建筑工业出版社，2012.

[3] 建築工事標準仕様書·同解説 JASS13 金属工事 [S]. 日本建築学会，1998.

[4] 建築工事標準仕様書·同解説 JASS21 ALCパネル工事 [S]. 日本建築学会，2005.

[5] 建築工事標準仕様書·同解説 JASS27 乾式外壁工事 [S]. 日本建築学会，2011.

[6] 苏 J01—2002 蒸压轻质加气混凝土（ALC）板构造图集（上册）[S]. 江苏省工程建设标准设计站，2002，5.

[7] 苏 J01—2002 蒸压轻质加气混凝土（ALC）板构造图集（下册）[S]. 江苏省工程建设标准设计站，2002，5.

[8] 中华人民共和国国家标准. 钢结构设计规范 GB 50017—2003 [S].

[9] 中华人民共和国国家标准. 钢结构工程施工质量验收规范 GB 50205—2001 [S].

[10] 中华人民共和国国家标准. 高层民用建筑设计防火规范 GB 50016—2006 [S].

[11] 中华人民共和国国家标准. 建筑抗震设计规范 GB 50011—2010 [S].

[12] 中华人民共和国国家标准. 民用建筑隔声设计规范 GBJ 118—2010 [S].

[13] 中华人民共和国国家标准. 钢结构焊接规范 GB 50661—2011 [S].

[14] 中华人民共和国国家标准. 建筑结构荷载规范 GB 50009—2012 [S].

[15] 中华人民共和国行业标准. 夏热冬冷地区居住建筑节能设计标准 JGJ 134—2010 [S].

[16] 中华人民共和国行业标准. 建筑隔墙用轻质条板 JG/T 169—2010 [S].

[17] 中华人民共和国行业标准. 建筑轻质条板隔墙技术规程 JGJ/T 157—2010 [S].

[18] EPS 板外墙外保温技术规程 DB21/T 1748—2009 [S].

[19] 绿色建筑评价标准 DB21/T 2017—2012 [S].

[20] 李佩勋，陈福林，侯兆新，曾昭波. 钢结构建筑轻质环保围护墙体系设计与施工 [M]. 北京：中国建筑工业出版社，2012.

[21] 王占飞，隋伟宁，白利婷. 蒸压轻质加气混凝土外墙板与钢柱的连接构件和施工方法 [R]. 发明专利号：201310497959. 6，2016.

[22] 隋伟宁，王占飞，白利婷. 蒸压轻质加气混凝土外墙板与钢梁的连接构件和施工方法 [R]. 发明专利号：201410107312. 2，2017.2.

[23] W. N. Sui，L. T. Bai，Z. F. Wang and K. An，Seismic Performance of Joints between Steel Frame and ALC Wall Panels，2015 International Conference on Mechanics，Building Material and Civil Engineering，Guilin，China 2015. 8，977-982.

[24] 隋伟宁，白利婷，王占飞，李帼昌. ALC 外墙板与钢框架连接节点的抗震性能分析 [J]. 钢结构，2016，31（206）：47-52.